RAPPORT

ADRESSÉ

AU COMITÉ DÉPARTEMENTAL

DE LA SAVOIE

SUR

L'EXPOSITION UNIVERSELLE DE 1867
(SECTION D'AGRICULTURE)

PAR

M. PIERRE TOCHON

ANCIEN ÉLÈVE DE GRIGNON.

CHAMBÉRY

ALBERT BOTTERO, IMPRIMEUR DE LA PRÉFECTURE

— 1868 —

EXPOSITION UNIVERSELLE DE PARIS EN 1867

COMITÉ DÉPARTEMENTAL

Le comité départemental de la Savoie, créé par arrêté de Son Exc. M. le Maréchal Vaillant, en date du 11 août 1865, s'est constitué le 28 du même mois aux personnes de :

MM. le baron D'ALEXANDRY, ✻, maire de Chambéry, membre du Conseil général, *président ;*

BOCHET, ✻, ingénieur en chef des mines ;

CHAPPERON, ✻, président du tribunal et de la chambre de commerce de Chambéry ;

CONTE, ✻, ingénieur en chef des ponts et chaussées ;

Marquis Albert COSTA DE BEAUREGARD, président de la commission du musée départemental ;

DELOCHE, ingénieur hydraulique ;

FLEURY-LACOSTE, ✻, président de la Société centrale d'agriculture du département de la Savoie ;

FOREST Guillaume, ✻, fabricant de papier et membre de la chambre de commerce ;

GRANGE Humbert, maître de forge et membre du Conseil général ;

MARTIN Louis, ✻, négociant ;

MOLIN, peintre et professeur à Chambéry ;

RACT Henri, propriétaire-agriculteur à Montmeillerat.

Secrétaires :

MM. BONJEAN, ✻, pharmacien, membre de l'académie impériale des sciences à Chambéry ;

P. TOCHON, ancien élève de Grignon, membre du conseil d'arrondissement de Chambéry et membre agrégé de l'Académie impériale des sciences, arts et belles-lettres de Savoie.

RAPPORT

ADRESSÉ

AU COMITÉ DÉPARTEMENTAL DE LA SAVOIE

SUR

L'EXPOSITION UNIVERSELLE DE 1867

(Section d'Agriculture)

MESSIEURS,

En décembre 1866, votre Comité me faisait l'honneur de me déléguer à l'Exposition universelle de Paris; le but de ma mission était de rechercher dans ce concours international les faits agricoles qui pouvaient intéresser le département de la Savoie. Je viens aujourd'hui vous rendre compte de mes investigations.

En jetant un coup d'œil d'ensemble sur l'Exposition universelle de 1867, on est amené à reconnaître que cette exhibition, remarquable sous tant de rapports, n'a pas donné à l'agriculture la satisfaction qu'elle semblait en espérer; son organisation a beaucoup contribué à ce résultat.

On ne s'explique pas, en effet, le motif de la dispersion des dix-huit ou vingt classes qui composaient le contingent agricole; cette industrie, si sobre de faits nouveaux, aurait eu besoin, pour lutter avec avantage, pour accentuer son action et démontrer sa puissance créatrice, d'être réunie sur un seul point, où le visiteur aurait embrassé d'un coup d'œil le matériel agricole, les engrais et les amendements destinés à la fertilisation du sol, les productions alimentaires, les matières premières livrées à l'industrie, les produits forestiers, le matériel et les procédés des exploitations rurales forestières, des usines agricoles, des industries alimentaires, enfin les animaux de travail et de rente.

Cet ensemble aurait donné satisfaction aux intérêts agricoles; l'étude en eût été mise à la portée de tout le monde ; la petite, la moyenne et la grande culture y auraient puisé les renseignements qu'elles venaient y chercher; notre tâche eût aussi été rendue plus facile, notre récit plus complet.

Ayant à appliquer au département de la Savoie les études que nous avons eu mission de recueillir à l'Exposition de 1867, nous avons cru utile de faire précéder ce travail d'un aperçu économique et statistique sur les ressources les plus importantes du pays.

Nous signalerons ensuite les instruments, les faits agricoles, mis en évidence dans ce Concours international, qui peuvent nous engager à modifier avantageusement nos productions actuelles, à simplifier ou à rendre moins onéreux notre système de culture, à mettre en application des pratiques qui contribueraient à améliorer le bien-être des populations de nos campagnes.

§ 1.

APERÇU STATISTIQUE ET ÉCONOMIQUE SUR L'ÉTAT CULTURAL DU DÉPARTEMENT DE LA SAVOIE.

La surface totale du département de la Savoie est de 591,338 hectares.

Les bois et les forêts occupent les contre-forts des montagnes, les parties élevées où cesse la culture, et s'étendent jusqu'aux pâturages; ils occupent 134,500 hectares.

Les pâturages, les masses rocheuses, les glaciers qui les avoisinent ou les dominent sont considérables; on les évalue à 150,000 hectares.

Ces bois, ces pâturages constituent à eux seuls la grande propriété; l'Etat et les communes en possèdent une partie; le surplus est divisé en lots de 50 à 200 hectares; les bois des demi-coteaux rentrent dans la moyenne et la petite propriété, qui se partagent les terrains cultifs du département.

En dehors de quelques plaines étroites, les terrains cultivés sont tous plus ou moins pentueux; cette circonstance, jointe à la division et au morcellement du sol, empêche l'emploi des instruments perfectionnés, qui rendent d'importants services à la grande propriété.

Sur une échelle culturale qui, partant de 276 mètres d'altitude, va en s'élevant à 1,200 mètres, croissent les produits les plus variés.

Le maïs se plaît dans les alluvions de l'Isère et de l'Arc; on le rencontre dans toutes les plaines et les demi-coteaux des arrondissements de Chambéry et d'Albertville; il cesse de donner des résultats avantageux au-dessus de 500 mètres d'altitude.

On plante le mûrier pour sa feuille dans les mêmes conditions ; on ne le trouve plus à l'état de culture industrielle au-dessus de 400 mètres.

Le froment d'hiver se récolte jusqu'à 900 mètres.

La vigne basse occupe dans le département 10,000 hectares; on la trouve de préférence sur les pentes et les coteaux, suivant de près, dans les expositions abritées, la culture du froment.

Le chanvre, le colza et les betteraves, semés en petits lots, servent principalement aux besoins du ménage.

Le tabac et le mûrier sont ainsi les seules plantes industrielles cultivées sur quelques points limités du département.

La Savoie tire ses principales ressources des animaux de travail et de rente qui s'élèvent sur toute la surface de son territoire, surtout dans les vallées et les montagnes, à proximité des immenses pâturages dont nous avons parlé plus haut.

De nombreux troupeaux de vaches laitières livrent au commerce des fromages façon Gruyère et de l'excellent beurre ; ce même lait, mêlé à celui des brebis ou à celui des chèvres, sert à fabriquer des fromages de fantaisie très variés.

L'élevage, pratiqué sur une grande échelle, permet de livrer annuellement au commerce des vaches à lait, de jeunes bœufs, des moutons, des porcs, des mulets et des chevaux.

Les abeilles se cultivent en petits lots dans toutes nos exploitations ; le miel des montagnes est avantageusement connu dans le commerce.

Enfin les nombreux cours d'eau qui descendent de nos montagnes, les lacs qu'ils ont formés et qu'ils alimentent, fournissent d'excellents poissons.

Il résulte de cet aperçu statistique que le département de la Savoie cultive les produits les plus variés, qui sont en majeure partie consommés sur place par les 272,000 habitants peuplant son territoire.

Ses exportations consistent surtout en bois, bestiaux, beurre, fromages et en une quantité assez restreinte de vins, de soie, de tabacs, de miel, de poissons et de fruits.

Tous ces produits, à l'exception de ceux de difficile conservation, ont figuré à l'Exposition ; la direction des forêts a envoyé une collection de nos bois ; celle des tabacs, des échantillons de nos cultures ; la chambre de commerce de Chambéry, nos minéraux, nos métaux, les produits de nos usines, de nos tourbières, de nos ardoisières, les eaux minérales de la Savoie ; l'agriculture enfin a exposé nos miels, nos vins, nos fromages et notre belle race bovine de Tarentaise.

L'exposition de la Savoie a été une heureuse pensée qui portera ses fruits ; nos bestiaux ont attiré pendant cinq mois une foule de visiteurs, qui n'ont cessé de s'enquérir des qualités de cette race nouvelle ; pour la plupart d'entre eux, ses facultés multiples ont été très appréciées, et déjà nos foires d'automne s'en sont ressenties, car jamais elles n'ont été plus suivies, jamais on n'y avait vu un si grand nombre d'acheteurs étrangers au département.

Nos vins, peu connus jusqu'à ce jour, ont pris rang parmi les bons vins de France ; ils ont mérité d'être signalés par le Jury, qui leur a décerné une médaille de bronze.

Nos miels, nos fromages, mis en parallèle avec les Chamonix, les Narbonne, les Gruyère, les Roquefort et les Gex, ont été trouvés de bonne fabrication.

Nous devons nous applaudir de ces résultats, obtenus dans les conditions ordinaires de notre agriculture, dans les conditions de progrès réalisés jusqu'à ce jour, auxquels la Savoie n'est point restée étrangère.

Nous allons maintenant étudier les applications pratiques qu'il serait possible de faire, dans nos exploitations, des instruments, des faits nouveaux expérimentés ou mis en évidence à l'Exposition de 1867.

Pour assurer à ce travail le but que s'est proposé le Comité, nous limiterons nos études au matériel agricole, aux produits et aux animaux dans leur application au système de culture suivi en Savoie, en ayant soin d'indiquer sommairement ce qu'on a pratiqué jusqu'à ce jour, pour rendre plus sensible ce qu'il y aurait à faire.

Matériel agricole.

En parcourant les différents arrondissements de la Savoie, les hommes qui s'appuient sur la théorie pour apprécier la pratique sont frappés du peu de progrès qui se sont réalisés dans notre outillage agricole.

Ce reproche est fondé pour les instruments de labour, surtout pour la charrue ; il l'est moins pour le chariot, le rouleau et la herse ; quant aux instruments de main-d'œuvre, il est peu de pays où ils soient plus perfectionnés que chez nous, par la raison qu'il en est peu où l'on en fasse autant usage.

La charrue actuelle de la Savoie. — Les charrues, dans la généralité de nos exploitations, ont eu pour type primitif l'araire romain, conservé, avec de légers changements, dans l'arrondissement de Moûtiers.

Les modifications qu'on y a apportées consistent dans l'adoption de l'avant-train, dans la mobilité donnée aux deux oreilles en bois primitivement fixes, enfin dans de rares transformements des versoirs de bois en versoirs en fer, en leur donnant un contour plus convenable.

La charrue de la Savoie agit en coin, un soc allongé ouvre le sol, un coutre vertical l'aide dans ce travail ; les oreilles fixes ou mobiles placées à la naissance du soc repoussent la terre à droite et à gauche ; la perche qui sert d'attache à ces différentes parties, porte sur un avant-train à deux roues qui sert simultanément de point d'attache aux animaux et de régulateur ; l'une des deux roues suit le sillon ouvert, la seconde est sur le guéret, et comme ces roues sont d'égales hauteurs, l'avant-train marche toujours incliné.

Ces charrues vont et reviennent dans la même raie. Quand l'oreille est mobile, avant de reprendre son travail au bout du champ, le laboureur repousse l'une des oreilles du côté du labour ; la seconde vient se coller au bâtis de la charrue, où elle est fixée par une cheville ; la charrue marche ainsi plus régulièrement. Quand, au contraire, les deux oreilles sont fixes, celle qui s'appuie contre le guéret est toujours repoussée et la marche de la charrue est oblique.

Cette construction est vicieuse, le tirage considérable, la profondeur de la jauge insuffisante.

De tout temps on a reconnu l'imperfection de cet instrument; déjà, en 1774, M. le marquis Alexis de Costa, dans son remarquable travail sur l'agriculture de la Savoie, conseillait des modifications à notre charrue ; pour en hâter la transformation, il faisait venir des araires suisses et piémontais qu'il mettait entre les mains de ses métayers.

Que d'efforts n'a-t-on pas faits dès lors ! Toutes les sociétés agricoles qui se sont succédé depuis cette époque reculée ont travaillé au même but. M. le comte Pillet-Will a voulu à son tour contribuer à améliorer les instruments de culture de la Savoie, en mettant à la disposition de l'Académie impériale de Chambéry une rente annuelle de 300 francs spécialement destinée à perfectionner notre outillage agricole.

D'où vient qu'au milieu de tant d'efforts réunis, nos cultivateurs restent attachés à leur charrue si imparfaite ?

D'où vient que, tandis qu'ils se servent, qu'ils achètent des machines à battre qui sont des instruments nouveaux, ils dédaignent de prendre, d'acquérir à moitié prix les charrues qu'on leur offre dans tous les concours ?

D'où vient que, tandis que les propriétaires agriculteurs qui marchent dans la voie du progrès, font fonctionner journellement sous leurs yeux des instruments perfectionnés, ils ne changent rien à leurs pratiques ?

Les raisons qu'ils invoquent sont nombreuses ; quand on les leur demande, ils sont habiles à les énumérer.

S'ils repoussent obstinément l'araire à oreille unique avec ou sans avant-train, c'est que pour eux cet instrument n'est pas d'un usage constant, leur terrain est rarement en plaine, souvent incliné, quelquefois pentueux ; dans ces deux dernières circonstances qui se produisent journellement, les terres ne pouvant être remontées à cause de leur trop grande pente, il faut donc, pour s'en servir, aller en labourant et revenir à vide; il en résulte une perte de temps considérable.

Dans la plaine même, s'il y a des treillages, les dérayures de l'*araire* à oreille unique gênent leurs cultures ou découvrent le pied des ceps; ils trouvent ces raies ouvertes gênantes pour le semis, le hersage, le roulage, les cultures d'entretien, pour la fauchaison des céréales et leur transport.

Les charrues tourne-oreilles, préconisées jusqu'à ce jour, valent sans doute beaucoup mieux que les leurs; si on leur conseille de s'en servir, ils objectent que le jour où le soc sera dérangé, l'oreille usée, ils ne pourront plus la faire marcher, n'ayant à leur disposition ni un forgeron habile, ni assez d'argent pour payer dix ou douze francs une pièce de rechange.

Enfin ils observent qu'après avoir acheté un araire à oreille unique, une tourne-oreille qu'ils ne sauraient où loger, il leur faudra une charrue à déchaumer, tandis que leur ancien instrument, tout imparfait qu'il est, va partout, se répare facilement, presque sans frais, et remplit toutes les fonctions qu'on recherche dans les trois charrues dont nous venons de parler.

Ces objections sont sérieuses; elles sont pour la plupart fondées.

Ainsi, il est reconnu que la fabrication ou simplement la réparation du soc d'araire ou de tourne-oreille demande un ouvrier habile, habitué à ce genre de travail; il est encore incontestable que jusqu'à ce jour nous n'avons pas eu un seul forgeron sorti d'une bonne fabrique, et qu'habituellement une usure occasionne la mise à la retraite d'une charrue qu'on n'a pas su réparer; elle aurait continué à marcher sans cette condition exceptionnelle; il en est de même de tous les instruments nouveaux.

La herse employée en Savoie. — Les herses de la Savoie sont uniformément triangulaires; la largeur de la base varie d'entre 1^{m} 25 à 1^{m} 50; le bâtis est en bois; les dents, en fer aciéreux, sont plus ou moins longues, selon la force des terrains dans lesquels on veut les faire manœuvrer; les dents sont carrées, aiguisées en pointe; on les fixe en plaçant un angle aigu en avant; chaque dent trace une raie.

Le crochet de traction se trouve à la pointe de l'angle aigu; quand on veut rendre l'action de la herse plus énergique, on allonge la chaîne, on charge l'instrument.

Cette herse opère assez régulièrement dans les terrains légers; il n'en est pas de même dans les sols argileux; par sa forme, elle est disposée à repousser les grosses mottes qui s'opposent à sa marche, au lieu de les briser; en s'obliquant, elle fait suivre la même raie à plusieurs dents; son oscillation étant presque insensible, elle passe sur les obstacles sans les vaincre; si elle ramasse les mauvaises herbes, elle ne s'en débarrasse pas, et à chaque instant le conducteur doit abandonner son attelage pour dégarnir l'instrument qui ne fonctionne plus.

Le rouleau. — La charrue, la herse et le rouleau sont, avec le déchaumoir ou *lipoir*, les seuls instruments de culture que l'on rencontre dans la plupart de nos fermes.

Le rouleau est uniformément construit en bois dur, chêne ou châtaignier; le bâtis en est très simple; cet instrument, dont on reconnaît cependant toute l'utilité, n'est pas assez répandu dans nos exploitations, où il devrait fonctionner souvent, surtout au printemps, pour tasser les céréales soulevées par les gelées.

Sa construction serait irréprochable si on lui donnait moins de longueur, ou mieux si on le divisait en deux.

Le chariot, le tombereau. — Quand on étudie la forme de nos chariots, de nos tombereaux dans les villes ou dans les plaines, on est disposé à leur adresser bien des reproches; on les trouve trop bas, trop courts, trop légers, etc., etc.; mais qu'on accompagne le conducteur dans sa ferme, on changera bien vite de manière de voir; si on considère surtout que, dans d'aussi petites exploitations, on doit avoir un outillage qui multiplie ses services.

Un char de campagne sert en effet dans nos métairies au transport des céréales en gerbes et en sacs, à celui des engrais, des racines, du vin ; il doit fonctionner dans des chemins pentueux, dans des champs garnis de treillages, où à chaque instant il faut soutenir la charge pour l'empêcher de céder à la pente ; les hommes, les femmes, les enfants chargent et déchargent les objets transportés ; comment opérer avec ces agents? comment monter ou descendre ces côtes si les chars étaient longs et haut? comment couper les pentes et rétablir l'équilibre compromis par une inclinaison trop forte ?

Lorsque nos chariots seront tous pourvus d'essieux en fer, lorsqu'on aura un peu allégé l'avant et l'arrière-train, nous aurons un modèle approprié à nos petits domaines, de difficile culture et de difficile accès.

Les instruments de main-d'œuvre. — Les instruments de main-d'œuvre employés dans nos cultures ne sont ni très nombreux, ni très variés ; mais leur fabrication, qui s'opère dans le pays, laisse peu à désirer.

La bêche ou pelle carrée, la pelle à puiser ou pelle creuse, la pioche, le bident ou bigard, les houes larges et étroites, les sarcloirs, les faux, ont été construits de la manière la plus convenable pour s'en servir avec le moins d'effort, le moins de fatigue possible.

Généralement nos ouvriers travaillent ayant le corps droit ou légèrement incliné vers le sol ; dans ces conditions, ils opèrent bien et vite parce que cette position n'a rien de fatigant, rien d'exagéré.

Il n'en est pas de même partout ; le plus souvent l'ouvrier travaille avec des pioches, des bidents ou des houes à manches courts, peu ouverts, qui les obligent à se rapprocher beaucoup plus du sol.

Tels sont les principaux instruments de culture employés dans nos exploitations ; ils ne sont pas nombreux, mais on sait les appliquer à tous les travaux.

Harnáchement des animaux. — Les chevaux n'ont pas en Savoie un harnachement particulier.

Les bœufs sont attelés au joug double.

Ces deux jougs, qui se placent simultanément sur la tête et sur le cou, servent à diviser entre ces deux parties les efforts qui partout ailleurs s'exercent sur la tête seule.

Ce second joug de cou, spécial à la Savoie, donne à l'animal plus d'aisance; au lieu de porter la tête haute, il l'abaisse et suit l'horizontalité du corps; dans cette position, la ligne de traction passant par le milieu du corps du bœuf, et non au-dessus, l'effort développé s'augmente de tout son poids, tandis que dans le premier cas une partie de ce poids reste sans effet utile.

Instruments de grange et de grenier.

Machines à battre, tarare, crible. — Depuis quelques années toutes les exploitations des plaines et des demi-coteaux qui récoltent 100 à 300 gerbes de froment se servent de la machine à battre.

Les batteuses qu'on emploie sont locomobiles; le plus grand nombre sort des ateliers de M. Pinet; on leur donne la préférence sur les autres, surtout à cause de la forme du manége qui, communiquant le mouvement au batteur par une courroie passant au-dessus de la tête des bœufs ou des vaches, seuls moteurs employés pour les faire manœuvrer, ces animaux ne sont ni effrayés du bruit, ni gênés dans leurs allures.

Les modèles employés ne nettoient pas le grain; on se sert, après le battage, d'un tarare Pinet ou de l'un de ceux que nous livrent à bas prix les départements de l'Isère et de l'Ain.

Le crible à grains a été connu de tout temps en Savoie; il était primitivement formé d'un cadre en bois, garni sur l'une de ses faces de fils de fer plus ou moins rapprochés; ce crible fait peu de travail; il a pour spécialité de débarrasser les semences des vesces ou pesettes qui envahissent nos céréales; c'est pour cela qu'on l'appelle crible pesattier.

Plus tard on a fabriqué des cribles cylindriques trieurs qui opéraient assez bien.

Aujourd'hui les cribles Vachon et Pernollet se rencontrent dans toutes les exploitations importantes.

Instruments de laiterie.

La baratte cylindrique à mouvement vertical s'emploie dans la plupart des petites métairies du département. Dans la moyenne culture on se sert des barattes suisses ou des barattes-tonneaux à axes fixes ou mobiles.

Les vases à lait sont en terre émaillée à large ouverture, ou en bois, système suisse.

Les formes pour la fabrication des fromages de fantaisie à pâte dure ou à pâte molle sont en fer battu ou en terre, rarement en bois.

Instruments de pressoirs et de cuves.

Cuves, pressoirs, fouloir à raisin. — Les cuves à vin sont uniformément en bois dur ; leur contenance varie entre 15 et 50 hectolitres de liquide pressé.

On trouve encore quelques pressoirs à bascule ; ceux à deux vis en bois leur ont succédé ; les pressoirs construits aujourd'hui se font à deux vis en fer ; c'est par la descente progressive de la traverse fixée aux écroux que s'opère le pressurage.

La machine à fouler les raisins avant de les mettre dans la cuve est employée dans quelques exploitations vinicoles du département.

Les vases vinaires avaient anciennement des contenances fixes de 50, 100 ou 200 pots de Montmélian, correspondant à 112, 225 ou 450 litres ; ces tonneaux, qui servaient simultanément au décuvage et au transport des vins chez les consommateurs, étaient construits en bois dur cerclés en fer.

L'état des chemins légitimait alors la solidité de ces fûts.

Depuis que la petite comme la grande vicinalité se sont améliorées, on utilise pour le décuvage des pièces de toutes provenances, de toutes grandeurs; les transports se font ensuite avec des vases plus légers.

---

§ 2.

L'OUTILLAGE AGRICOLE A L'EXPOSITION DE 1867.

L'exposition universelle a mis en évidence un fait qui tend à se généraliser, c'est le remplacement toujours croissant du bois par le fer et la fonte; les instruments d'agriculture ont tout à gagner à ce perfectionnement; ils deviendront plus solides et plus durables, sans que leur prix soit sensiblement augmenté.

En parcourant les hangars réservés aux instruments agricoles de l'Angleterre et de la France, en visitant les expositions plus restreintes des diverses puissances représentées au Champ de Mars et à Billancourt, on est frappé des ressources considérables offertes à la grande culture, en même temps que du peu de place qu'occupent la petite et la moyenne propriété.

Pour la première on a couvert le concours de féculeries, de sucreries, de distilleries, de charrues, de pompes, de batteuses à vapeur, de faucheuses, de faneuses, de râteaux, de semoirs, de herses, de rouleaux, de scarificateurs, d'extirpateurs, de houes et de butoirs; en un mot, de tous les instruments qui demandent pour être acquis utilement de vastes propriétés en plaine, des prairies, des champs sans enclave, des exploitations assez importantes pour unir l'industrie à l'agriculture.

Pour la propriété à surface restreinte, au contraire, les modèles sont rares, le concours limité, les perfectionnements peu sensibles.

Aussi les représentants de la moyenne et de la petite culture, les possesseurs ou les exploiteurs des petits domaines de 5 à 30 hectares qui couvrent la surface de la France, n'ont-ils rapporté de leur visite au concours international de 1867 que bien peu d'exemples à appliquer, que peu d'instruments construits pour eux à utiliser, à acheter.

Délégué de la Savoie, où depuis longtemps la grande propriété a disparu, où la moyenne est l'exception, nous avons dû plus que personne être frappé de la rareté des bons instruments de petite culture ; car, après avoir étudié notre outillage, nous venions chercher des instruments appropriés à nos cultures parcellaires en pente, à nos petits domaines exploités avec un capital restreint ; nous venions surtout pour trouver une charrue, une herse pouvant remplacer avantageusement les nôtres ; des instruments économiques pour la culture d'entretien des semis en ligne larges ou étroites ; des procédés perfectionnés pour la fabrication du lait, du vin et des engrais.

Nous allons exposer le résultat de nos investigations, et, pour donner plus de poids à nos appréciations sur l'outillage agricole que nous conseillons, nous avons demandé et obtenu du comité l'autorisation d'acheter un certain nombre d'instruments ; ils seront déposés dans un musée agricole départemental ; chacun d'eux sera expérimenté ; les ayant sous les yeux, voyant le travail qu'ils exécutent, nos agriculteurs seront facilement convaincus de leur supériorité ; de leur côté, nos fabricants y trouveront des modèles à imiter, à reproduire, qu'ils pourront nous livrer à de meilleures conditions que les fabriques étrangères.

---

§ 3.

INSTRUMENTS ADMIS A L'EXPOSITION UNIVERSELLE QU'IL SERAIT UTILE D'INTRODUIRE DANS LE DÉPARTEMENT DE LA SAVOIE.

Charrue tourne-oreille. — Pour répondre à toutes les objections soulevées par nos laboureurs, pour vaincre leur mauvais vouloir, leur obstination à conserver un instrument aussi imparfait que leur charrue, il est nécessaire de mettre entre leurs mains un outil solidement construit, demandant de rares réparations, pouvant être utilisé partout, et rendre les divers services qu'ils obtiennent de celui dont ils se servent aujourd'hui.

Il faudrait leur présenter une charrue aussi simple que possible, facile à manœuvrer, pouvant faire un labour à plat en parcourant toujours le même sillon ; il faudrait encore qu'elle eût des versoirs de longue durée, un soc de peu de valeur, un avant-train facile à régler, un tirage modéré ; enfin qu'elle fût d'un prix à la portée de toutes les bourses.

Ces diverses conditions, à l'exception de la dernière, qu'il n'est pas possible d'accorder avec les autres, se trouvent réunies dans une charrue anglaise exposée par la fabrique Ransonnes et Sims, d'Ipswich, qui est sans contredit la meilleure des charrues tourne-oreilles construites jusqu'à ce jour.

Cette charrue, comme la généralité des instruments amenés d'Angleterre, est entièrement construite en fer, fonte et acier; l'age, qui est cintré, est muni d'un régulateur très simple; il combine son action avec un avant-train à deux roues pour fixer la largeur et la profondeur du labour ; par une disposition heureuse, le corps de la charrue est maintenu dans une position horizontale, quelle que soit la marche de l'avant-train.

Le coutre, comme dans toutes les charrues tourne-oreille, est mobile ; on le fixe à droite ou à gauche au moyen d'un levier placé à la portée de la main droite du laboureur qui tient les cornes de l'instrument.

De même que dans les araires à une seule oreille, le soc est triangulaire, fabriqué en fer fondu ; il ne coûte que 0,50 cent., on le remplace sans peine lorsqu'il est usé ; ce soc est mobile.

Deux oreilles en acier, d'une forme allongée, se trouvent à droite et à gauche de la charrue ; elles vont se placer successivement d'un côté ou de l'autre de l'instrument. Cette opération qui, dans le tourne-oreille Dombasle, nécessite le dérangement du laboureur, a lieu au moyen d'un pignon conique mis en mouvement par une manivelle ; d'un seul coup, le soc et le versoir se mettent en place lorsqu'au bout du sillon on tourne la charrue pour lui faire prendre une nouvelle bande de terre.

Comme on le voit par cette description, la charrue Ransonnes et Sims remplit toutes les conditions qui devraient engager nos cultivateurs à l'adopter ; malheureusement son prix déjà élevé s'augmente des frais de transport et de douane; mais le département en a placé un modèle dans son musée, et tout fait espérer que cet instrument, construit en Savoie, monté sans luxe, pourrait être donné complet avec son avant-train au prix de 80 à 100 francs.

Araire. — Parmi les araires à oreille unique, deux ont surtout attiré notre attention : l'un d'eux se trouvait compris dans l'exposition du département de Seine-et-Marne ; il est dû à M. Coutellet fils, mécanicien à Etrepilly ; bien qu'entièrement construit en fer et muni d'un avant-train à deux roues, il ne coûte que 60 francs.

Cet araire simple, facile à manœuvrer, serait très convenable pour labourer avec deux bœufs de moyenne taille les terrains légers de la vallée de l'Isère et tous les fonds des demi-coteaux où la silice domine.

Araire Howard. — Un autre araire nous a paru très bien s'approprier aux besoins des sols plus forts de nos vallées; exposé par la maison Howard, il est muni d'un avant-train régulateur et entièrement monté en fer et fonte.

Le versoir, de même que celui de la plupart des charrues du Royaume-Uni, est plus allongé que les nôtres ; la bande de terre soulevée se contourne et se renverse sans peine.

Dans les araires français, le versoir est plus court et plus éloigné de l'age ; aussi, tandis que les premiers, avec moins de tirage, renversent un bande de terre en faisant progressivement un travail régulier, les seconds émiettent mieux la terre qu'ils ont détachée du guéret avec plus d'efforts.

La charrue Howard n° 3, attelée d'une forte paire de bœufs ou de quatre vaches, peut faire des labours de 20 à 25 centimètres de profondeur.

Le même corps de charrue s'utilise pour arracher les pommes de terre et les racines, en mettant à la place du versoir une pièce de rechange en forme d'éventail.

Dans un pays comme le nôtre, qui cultive beaucoup de pommes de terre, où déjà la rareté de la main-d'œuvre se fait sentir, ce dernier outil, emprunté à la grande culture, peut rendre d'utiles services à la petite, car il est important, si on veut éviter que la maladie s'empare de la récolte de ce précieux tubercule, qu'il soit enlevé du champ avant les pluies d'automne ; cet instrument, conduit par deux bœufs, remplace facilement le travail de 15 à 20 manœuvres.

Ces araires ont été achetés pour le musée départemental.

Charrue sous-sol. — On sait que la charrue sous-sol a pour but de remplacer le défoncement à la main.

En Savoie, beaucoup de nos terrains sont défoncés à grands frais par nos cultivateurs ; mais combien reste-t-il de champs qui, faute de recevoir un travail très dispendieux, conservent dans le sous-sol une humidité permanente qui nuit aux récoltes.

La sous-soleuse est déjà connue en Savoie : lors du concours régional de Chambéry, plusieurs propriétaires en ont acheté et s'en sont servi avec avantage.

Cet instrument, toujours très simple, affecte différentes formes ; son but étant de remuer le sous-sol qui n'a jamais été atteint par la charrue, on le fait précéder de cet instrument ; il manœuvre donc dans le sillon, dans la jauge déjà ouverte ; la profondeur de terre qu'il remue dépend de la force de traction qu'on lui imprime ; ordinairement on attelle quatre bœufs et on obtient un défoncement de 25 à 30 centimètres qui, réuni à la couche arable enlevée par la charrue, donne une profondeur de 40 à 50 centimètres.

Un attelage qui opère dans ces conditions peut défoncer de 25 à 35 ares par jour ; c'est donc réaliser, avec moins de perfection sans doute, le travail de 30 à 40 manœuvres.

La fabrique de Meximoron-Dombasle, de Nancy, a obtenu le premier prix des sous-soleuses ; il vend cet instrument 105 fr. MM. Bruel frères, de Moulins (Allier), ont fourni les excellentes charrues à sous-sol qui fonctionnent en Savoie depuis 1863 ; ils les vendent 60 francs.

Le second prix a été donné à M. Howard, de Londres ; quant on a un de ses araires, dont nous avons conseillé l'emploi, on se procure pour 30 francs une pièce de rechange qui s'adapte à l'age, et on forme une défonceuse.

Herse. — La herse est, après la charrue, l'instrument de culture qui a le plus d'utilité, le plus d'importance.

Dans les grandes exploitations, on se procure trois ou quatre modèles de herses pour rompre et casser les grosses mottes, pour couvrir les semences, pour scarifier une prairie, une luzernière, un sainfoin envahi par la mousse ou par des graminées ; mais dans la petite culture, il faut que le même instrument multiplie ses services.

Parmi les herses variées de forme, de poids et de dimension expérimentées à Billancourt, celle en zigzag nous a paru très convenable pour nos petites métairies.

Cette herse, construite d'après les principes qui ont assuré à celle de Valcourt une réputation méritée, est en fer et en acier; son jeu est régulier, sa marche vacillante, chacune de ses dents trace un sillon particulier, suffisamment rapproché; son poids et sa forme assurent le brisement des mottes les plus dures; enfin son prix n'est que de 65 francs, compris le palonnier d'attache.

Cet instrument, facile à construire sur place, ne reviendrait pas à plus de 40 à 45 francs. On le trouve au musée départemental.

Semoir à bras. — Dans un avenir plus ou moins éloigné, toutes les cultures qui reposent sur un sol qui s'enherbe facilement seront faites en ligne.

Déjà en Angleterre, pays où les travaux agricoles ont atteint un haut degré de perfection, on généralise l'emploi du semoir dans la grande culture; on l'applique non-seulement aux plantes qui demandent à être espacées, mais encore à toutes espèces de céréales et même aux prairies artificielles.

Les essais tentés en France dans les mêmes conditions ont très bien réussi, et déjà dans beaucoup de fermes on sème la luzerne en ligne, afin d'avoir la possibilité de la conserver longtemps en la débarrassant annuellement des plantes parasites qui l'envahissent et la détruisent.

Il n'entre pas dans notre pensée de conseiller à nos petits propriétaires l'achat d'un semoir à cheval de deux ou trois cents francs, ils pourraient cependant se le procurer par association, mais il leur sera toujours possible d'acheter un rayonneur et un semoir à brouette; s'ils veulent même faire des essais sans bourse délier, ils le peuvent.

Ainsi on opère de la manière la plus simple le rayonnement d'un champ labouré, hersé et roulé; il suffit pour cela de placer sur une traverse munie d'un timon à bras trois ou quatre dents de herse qu'un ou deux hommes traînent le long du champ.

On fera une bien meilleure opération si, ayant un rouleau

à encadrage, on fixe des dents à la traverse de derrière; le cheval ou les bœufs, en marchant, feront une double opération de roulage et de rayonnage.

Si l'on opère sur de petites surfaces, on jette à la main les grosses semences dans la raie ouverte; si elles sont fines, comme le colza, la luzerne, les navets, etc., on se sert d'une bouteille dont le bouchon est armé d'un tuyau de plume; on arrive de cette manière à semer rapidement et sans trop de fatigue des surfaces assez importantes.

Quand on veut opérer plus en grand, on doit avoir recours au semoir à brouette, dont les prix varient entre cinquante et soixante-dix francs.

Les semoirs de Grignon, de Dombasle et de Villard de Dijon sont construits à peu près dans les mêmes conditions; ce sont des cuillers de différents modèles qu'on fixe en plus ou moins grand nombre sur un disque en cuivre; ce disque, mis en mouvement, plonge les cuillers dans une boîte à semences et les projette dans un tube en tôle qui correspond à la raie ouverte; la roue qui fait avancer l'instrument détermine le mouvement de rotation; lorsque, pour un motif quelconque, le conducteur s'arrête, le semoir cesse de marcher.

Le semoir de Villard exige plus d'efforts, mais il couvre la semence, tandis que les autres ne le font pas.

Houe-sarcleuse à cheval. — Nous venons d'indiquer les procédés les plus économiques pour appliquer à la petite culture les semis en lignes.

Ces semis en lignes ont surtout pour objet de rendre possible et peu coûteuse la destruction des mauvaises herbes qui se développent pendant le cours de la végétation.

Le travail à la main aura toujours une supériorité incontestable sur celui des instruments; mais, en laissant de côté la question économique, sera-t-il possible de trouver un nombre de bras suffisant pour donner au moment le plus convenable des sarclages à des céréales ou à une luzernière? Nous ne le pensons pas ; il faut donc chercher un instrument qui puisse le remplacer avantageusement.

M. Moreau-Chaumier, de Tours, a exposé un modèle de houe-sarcleuse qui nous a paru très convenable pour le nettoiement des plantes semées en ligne, que ces lignes soient larges ou peu espacées.

Cet instrument, solidement construit en fer à age ceintré, règle la profondeur au moyen d'une roue à tige mobile, la largeur par un régulateur à coulisse placé à la naissance des moucherons.

La houe complète est vendue :

1° Avec 9 dents de herse, pour herser ou écroûter des lignes de 0,90 centimètres de largeur au plus ;

2° Avec une ratissoire plate, pour couper entre deux terres la mauvaise herbe sur une largeur continue de 0,80 cent. ;

3° Enfin avec 5 socs pour sarcler 5 lignes séparées de 15 à 25 centimètres d'espacement.

La traction s'opère soit avec un bœuf attelé au joug unique ou au collier, soit avec un cheval.

Le prix de cette excellente houe, qui a mérité à son inventeur une médaille d'or, varie de 60 à 90 francs, selon le nombre de pièces de rechange demandées ; on en trouve un modèle au musée départemental.

Instruments de récoltes.

Râteau à dents mobiles et à bras. — Les nombreux instruments destinés à la récolte des céréales et des fourrages, tels que les moissonneuses, les faucheuses, les faneuses, ne présentent pas d'intérêt pour notre département, où ils sont sans application possible. Le râteau à cheval, seul, si son prix de 220 à 300 fr. ne le rendait inabordable à nos exploitations, serait appelé à rendre de véritables services pour hâter la récolte du foin, glaner les épis après la moisson et réunir les herbes sèches des terrains déchaumés.

MM. Ashlby et Jeffery ont voulu appliquer à un râteau à main tous les perfectionnements apportés à celui à cheval, et le rendre ainsi applicable à la petite propriété.

Le modèle exposé ne laisse rien à désirer. Les dents mobiles sont portées sur des roues légères qui permettent d'aller partout, en faisant avec deux hommes un excellent travail très économique.

Le prix de ce râteau est de 51 fr. en fabrique. On le trouvera au musée départemental.

Enclume à rebattre les faux. — Depuis longtemps on cherche le moyen de parer aux inconvénients qui résultent de l'inhabileté des ouvriers à rebattre les faux.

Les enclumes expérimentées jusqu'à ce jour n'ont pas été trouvées assez parfaites pour qu'elles soient adoptées en agriculture.

La plus grande difficulté à résoudre consistait dans la marche qu'on devait faire suivre à la faux sous l'enclume. MM. Reingot, de Paris, et Ratel, de Saulieu (Côte-d'Or), ont l'un et l'autre vaincu cette difficulté. Leurs enclumes à rebattre les faux, qu'ils vendent au prix de 12 fr., font un travail préférable à celui des plus habiles rebatteurs de faux. Le premier a inventé un second outil à main, du prix de 3 fr., auquel il a donné le nom d'Affiloir-Reingot; avec cet affiloir, que le faucheur porte sur lui, il répare les déviations du fil de sa faux.

Outillage de laiterie.

Sondes à traire les vaches. — L'outillage de la laiterie a attiré notre attention sur deux appareils nouveaux.

M. Lirebardon, rue du Champ-de-Mars, 19, a pris un brevet d'invention pour une sonde à traire les vaches.

L'appareil consiste dans 4 petits conduits en argent qu'on introduit dans l'ouverture de chaque trayon ; aussitôt qu'ils sont en place, le lait coule sans l'intervention du berger, jusqu'à ce que la mamelle soit entièrement vide.

Nous avons vu expérimenter cet appareil à Billancourt sur une petite vache bretonne ; il a bien fonctionné.

Sera-t-il possible de rendre usuelle cette sonde, qui coûte 8 francs, sans avoir à redouter des lésions, puis des inflammations occasionnées par l'introduction mal dirigée de l'appareil? c'est une question que la pratique seule peut résoudre.

Baratte. — La baratte cylindrique à pression verticale, la plus anciennement connue, celle dont se servent journellement nos ménagères, a reçu de l'Anglais Clifton des modifications pour lesquelles il s'est fait breveter ; elles lui ont valu un premier prix à l'Exposition universelle.

Avec cette baratte, dite atmosphérique, on peut opérer indistinctement sur du lait ou de la crème ; dans le premier cas, la partie butyreuse se sépare du petit lait dans 10 à 12 minutes; dans le second, en 5 ou 6.

Mais, pour obtenir ce résultat, il faut que naturellement ou artificiellement la température du liquide baratté s'élève à 20 degrés centigrades.

Le perfectionnement apporté à cette baratte se trouve dans la forme donnée au manche qui agite le liquide de bas en haut.

L'instrument vendu par M. Clifton est construit en fer battu; il se compose, d'après l'inventeur, d'un cylindre dans lequel on fait agir, comme dans les barattes primitives, un piston attaché à la partie inférieure du manche creux et dont la partie supérieure est fermée par une soupape en caoutchouc ; lorsque le piston est soulevé, un vide partiel se fait au-dessous de la surface de la crème ou du lait sur lequel on opère, et l'air se précipite à travers l'axe creux avec une force égale à la pression atmosphérique.

Lorsqu'on fait redescendre le piston, la valve supérieure du tube se referme, et l'air contenu au-dessous est rapidement chassé à travers toute la masse fluide ; il s'opère ainsi, par cette agitation générale et continue, un battage des plus énergiques et des plus complets qui force les molécules butyreuses à se dilater et à s'ouvrir, de façon à laisser échapper rapidement tout le beurre qu'elles contiennent.

Dans les expériences journalières auxquelles nous avons assisté à Billancourt, le représentant de M. Clifton a constamment réussi à extraire du beurre du lait ou de la crème dans le terme déterminé ; à affirmer la qualité des résidus de crème et surtout du lait ainsi baratté, malgré une élévation de température assez considérable.

Nous avons apporté cet instrument pour le musée départemental, où il sera expérimenté de nouveau ; nous ne doutons pas de sa réussite dans nos petites exploitations, où pour l'introduire il suffit de changer le manche actuellement en bois en un manche du système Clifton.

Les barattes atmosphériques se vendent à des prix qui varient entre 5 francs et 110 francs ; elles barattent d'un demi-litre à trente litres de lait ou de crème ; depuis douze litres elles sont armées d'un bras de pompe.

Pour les montagnes, où se fabriquent des quantités considérables de beurre, nous préférerions la baratte exposée par Carré, de Vendôme (Loir-et-Cher).

Ses barattes dites à piston sont solidement établies dans un encadrage en fer ; le récipient, assez grand pour fabriquer de 4 à 25 kilog. de beurre, a la forme cylindrique allongée de nos barattes anciennes, seulement elles sont légèrement coniques. Le piston qui agit est mis en mouvement par une roue à engrenage ; l'opération se fait un peu plus lentement qu'avec la baratte atmosphérique, mais le liquide butyreux est maintenu à son état naturel ; son prix varie entre 45 fr. et 120 fr.

Meubles d'écuries et d'étables.

Dans nos petites exploitations, l'outillage des étables est nul ; toutes les substances alimentaires sont données telles qu'elles ont été récoltées ; si pendant le courant de l'hiver on fait consommer des racines ou de la paille, on hache les premières à la main, et, au moyen d'une faux ou d'une faucille fixée à une solive, on coupe de gros en gros la paille.

Dans les fermes bien dirigées, où l'on tient à tirer le meilleur parti possible des grains, des racines et des fourrages qu'on a à sa disposition, on emploie les concasseurs ou applatisseurs à grain, les hache-paille et les hache-racines.

L'utilité de ces divers instruments pour diviser et mélanger les fourrages de qualité médiocre, n'est plus contestée aujourd'hui.

Les expériences qui ont été faites et se continuent à l'Ecole impériale de la Sansaie depuis bien des années, ne peuvent laisser aucun doute à ce sujet; dans cette vaste exploitation, on ne donne jamais les fourrages secs ou verts, purs ou mélangés, sans les avoir réduits à quelques centimètres de longueur; on peut évaluer à un cinquième l'économie qui en résulte.

Le prix élevé de quelques-uns de ces instruments a longtemps empêché les agriculteurs intelligents d'en faire l'essai, mais aujourd'hui on peut se les procurer à des prix qui les mettent à la portée de toutes les bourses.

Ainsi on trouve, pour la petite et la moyenne culture, chez Paulvé-Millot, à Troyes (Aube), des hache-paille à engrenage solidement fabriqués, au prix de 50 francs, des concasseurs à 60 francs; chez Pernollet, de Paris, des coupe-racines à 45 fr.

Une ferme, fût-elle très petite, aurait bien vite retrouvé la dépense de ces instruments par l'économie des fourrages qu'elle réaliserait, par le bon état des bestiaux qui les consommeraient.

Viniculture.

Fouloirs à raisins. — M. Verguette-Lamotte dit, dans un de ses ouvrages intitulé LE VIN, page 35 :

« On a remarqué que plus les raisins étaient broyés et manipulés avant l'encuvage, plus on était sûr de voir la fermentation alcoolique se produire promptement et régulièrement

» dans la sorte de *magma* qu'on obtient ainsi en travaillant le « raisin.

» Ce résultat est de la plus grande importance, car souvent » on voit à la surfece de la cuve des indices de fermentation » autres que ceux de la fermentation alcoolique. »

D'après ce qui précède, la mise en cuve doit toujours être précédée d'une opération qui consiste à écraser le raisin de manière à constituer une masse liquide, au sein de laquelle sont suspendues les parties solides, les râfles, les pepins et les pellicules.

Dans l'ancien système de vinification, le raisin était mis en cuve imparfaitement écrasé ; on complétait l'opération en faisant entrer des hommes nus dans la cuve au moment de la fermentation.

Ce procédé avait de graves inconvénients, et chaque année on signalait une foule d'accidents survenus aux vignerons qui entraient imprudemment dans les cuves.

C'est pour éviter ces accidents et rendre l'opération plus régulière, qu'on a inventé le fouloir à raisin.

L'instrument dont nous voulons parler est composé d'une trémie plus ou moins grande destinée à recevoir la vendange, de deux cylindres cannelés en fonte ou en bois qu'on rapproche ou éloigne à volonté, entre lesquels passent les raisins ; ce fouloir se place sur la cuve, sur la maie du pressoir ou sur un vase quelconque, vidé quand il est plein.

On a reproché au fouloir d'écraser les pepins et les grappes, de donner ainsi plus d'acidité au vin ; mais cet inconvénient n'est pas à redouter s'il est bien réglé, si l'espacement des cylindres est suffisant.

Du reste il est prouvé aujourd'hui d'une manière irréfutable que par l'écrasage on augmente la quantité et la qualité du vin ; c'est donc un instrument qu'il serait désirable de trouver dans tous nos pressoirs.

Le premier modèle de cette machine vinicole a été fourni en 1842 par M. Desaunay, de Nantes ; les modifications qu'on y a apportées dès lors ont puissamment contribué au succès de cette innovation.

Les cylindres des fouloirs sont droits ou hélicoïdes ; cette dernière forme, pour laquelle M. Desaunay s'est fait breveter, donne de la régularité à l'opération et diminue la fatigue du manœuvre.

Les fouloirs les plus simples, ceux de 24 à 30 francs, ne sont pas pourvus de volants ; ils ne peuvent servir que dans les petits vigneronnages ; le modèle acheté pour le musée départemental sort de la fabrique de M. Charles Guilleux, de Segré (Maine-et-Loire) ; son prix est de 50 francs.

Pressoirs à vin. — Tous les vignerons savent aujourd'hui qu'avec un pressoir à vis en fer on obtient du travail d'un homme une pression cinq fois plus considérable qu'avec ceux à vis de bois ; on réalise donc, en s'en procurant, une économie considérable de main-d'œuvre.

Les nombreux pressoirs construits en Savoie sont uniformément à deux vis ; ils sont fabriqués dans le pays, et leur solidité ne laisse rien à désirer.

En étudiant les divers systèmes de pressoirs exposés au Champ de Mars, nous avons été frappés de la solidité et du bon marché des quatre numéros à vis unique que fabrique M. Guilleux.

Ces instruments ont un autre avantage pour les petits propriétaires logés à l'étroit ; ils peuvent se placer dans un angle de grange ou de hangar, se rapprocher des murs, de manière à occuper à peine quatre mètres carrés.

Les pressoirs Guilleux sont vendus prêts à marcher ; la table carrée, dont la largeur varie de 1^{m} 22 à 1^{m} 65, ainsi que les supports, sont en chêne ; la vis est en fer ; tous les numéros sont pourvus de cages rondes et de leurs autres accessoires.

Le N° 1, pouvant presser 18 hectolitres par jour, pèse 240 kilogr. ; il coûte 240 francs.

Le N° 2, pouvant presser 30 hectolitres par jour, pèse 500 kilogr. ; il coûte 250 francs.

Le N° 3, pouvant presser 55 hectolitres par jour, pèse 650 kilogr. ; il coûte 270 francs.

Le N° 4, pouvant presser 65 hectolitres par jour, pèse 750 kilogr. ; il coûte 320 francs.

La forme de tous ces pressoirs est la même ; ils ne diffèrent que par le levier de pressurage ; quand il doit être placé dans un coin, on adapte un encliquetage qui permet d'opérer la pression sans tourner autour de la maie.

Avec le levier simple il faut tourner tout autour pour presser.

Le levier à encliquetage donne lieu à une augmentation de 30 francs ; mais on ne doit se le procurer que dans le seul cas où l'emplacement destiné à loger le pressoir n'aurait pas au moins 5 mètres de diamètre.

Pompe à purin. — Depuis quelques années nos propriétaires ont compris l'intérêt qu'il y avait à recevoir dans une fosse les excréments liquides des animaux ; aussi beaucoup d'entre eux ont fait construire des fosses à purin auprès de leurs étables.

Ces fosses ont de la profondeur ; il faut journellement arroser les fumiers, les composts, ou remplir des tonneaux pour conduire ce précieux liquide sur les prairies.

Généralement on puise ces purins avec un baquet en bois ou en fer battu ; mais la manœuvre est longue, fatigante ; les domestiques ne l'exécutent pas de bonne grâce, et au bout de quelque temps la fosse reste à vider.

La pompe à purin est destinée à remplacer la majeure partie de ces manipulations ; malheureusement cet instrument séjourne dans des milieux contenant des substances corrosives qui attaquent la plupart des métaux employés à leur confection.

Nous avons étudié avec le plus grand soin toutes les pompes à purin exposées au Champ de Mars et à Billancourt, et nous avons constaté que des progrès réels avaient été réalisés, surtout dans le jeu du corps de pompe qui, primitivement, s'engorgeait à chaque instant.

Ces pompes à deux corps ou à un seul sont à peu près toutes aspirantes et foulantes, de manière à faire passer directement le purin de la fosse dans le tonneau qui doit le transporter.

Le fer battu, le cuivre, le cuir et le caoutchouc sont toujours les matières employées pour les tuyaux de conduite ; on n'a pu les remplacer par une matière plus résistante ; mais afin de retarder autant que possible leur destruction, MM. Ganneron, Peltier, Duroza, Brossement, de Paris, Elder, de Lyon, Jeannin, de Pontarlier, tous récompensés pour cette spécialité, ont placé ces pompes à purin sur des brancards ou des brouettes, pour les mettre à l'abri des injures du temps lorsqu'on cesse de s'en servir.

Plusieurs d'entre eux, pour augmenter les services que ces instruments rendent à l'agriculture, ont accru leur force de projection de manière à les faire servir à l'arrosage des pelouses, des jardins, et même à les utiliser en cas d'incendie.

Ces pompes seraient d'un usage journalier dans nos fermes ; le prix seul, qui varie entre 120 et 400 francs, empêche d'en généraliser l'emploi.

A notre grand regret, nous n'avons rien trouvé de nouveau dans les prix inférieurs dont nous puissions conseiller l'achat.

Appareil pour l'éducation des vers-à-soie.

Le seul fait nouveau mis en évidence à l'Exposition de 1867 dans le matériel des magnaneries consiste dans la présentation d'un système de coconnière, déjà expérimenté en Italie, qui isole le ver lors de la monte et le force à filer son cocon sans contact possible avec les autres vers. Le chevalier del Prino, son auteur, a voulu, en l'appliquant, empêcher le développement des maladies contagieuses qui depuis trop longtemps portent un si grand préjudice aux éducateurs de tous les pays.

Cette invention a mérité un 1er prix à son auteur, un 2e et un 4e à ses propagateurs et ses applicateurs.

L'appareil est des plus simples ; sa construction peu dispendieuse permet de l'exécuter et de l'expérimenter partout ; il consiste dans une suite de coconnières qu'on place droites entre les deux tables.

Ces coconnières, faites avec des liteaux de plafond employés à plat, laissent entre elles des vides ouverts sur deux faces; leur largeur et leur longueur sont un tiers plus étendues que celle d'un cocon de forte grosseur.

On a obtenu de très bons résultats de l'application de ces coconnières dans les petites magnaneries de l'Italie; ce système, déjà expérimenté en France, mérite d'être propagé dans notre département.

Appareils d'arboriculture.

L'étude des fruits, la taille des arbres qui les produisent, leur entretien journalier, sont devenus un passe-temps pour les propriétaires qui résident une partie de l'année dans leur domaine. C'est pour faciliter leurs travaux que nous dirons un mot des appareils d'arboriculture.

La formation de la charpente d'un pêcher ou d'un poirier à grandes formes, en espalier ou en contre-espalier, a besoin d'une préparation assez dispendieuse; lorsqu'on a fixé les portants en fils de fer ou en liteaux tout n'est pas fait; il faut dresser l'arbre, diriger sa forme, et l'on a rarement sous la main un homme assez habile pour déterminer la position des étages, pour fixer sous quel angle il convient d'incliner chaque branche.

C'est pour aider les arboriculteurs-amateurs dans ce travail que M. Grassin-Baldans, d'Arras (Pas-de-Calais), a construit en fer élégi toutes les grandes formes Verrier et Dubreuil.

Ces bâtis peuvent se placer à volonté contre un mur ou en contre-espalier, devant un arbre en formation ou devant un arbre formé.

Cette maison, qui a un représentant à Paris, boulevard de la Reine-Hortense, 32, fait en fer creux tous les meubles qui concourent à l'ornementation d'un jardin d'agrément; les prix sont modérés.

Plusieurs de leurs appareils d'arboriculture se trouvent au musée départemental de Chambéry.

---

§ 4.

PRODUITS AGRICOLES.

Sous le nom de produits agricoles, se groupaient à l'Exposition les produits des exploitations et des industries forestières, ceux de la chasse et de la pêche, les produits agricoles non alimentaires, tels que les tabacs, les cocons de vers-à-soie, les laines, les foins, etc., les matières fertilisantes d'origine organique ou minérale, les usines agricoles, les céréales et leur transformation en grains mondés, gruaux, pâtes, etc., les légumes et les tubercules, enfin les boissons fermentées.

Disons un mot de chacun de ces produits :

Exposition forestière. — L'exposition forestière était sans contredit la plus remarquable de la section d'agriculture ; elle embrassait les collections des essences forestières qui croissent spontanément sur le sol des contrées exposantes ; elle comprenait en outre les lièges, les résines, les matières tannantes, colorantes et odorantes, les charbons de bois, les bois d'œuvre, de chauffage, de construction, merrains et autres bois de fente, la vannerie, la boissellerie, la saboterie, etc.

L'école forestière de Nancy avait apporté ses riches collections, ses herbiers, sa carte forestière de la France, chef-d'œuvre d'exactitude et de patience, due à M. Mathieu, l'éminent professeur d'histoire naturelle de cette école.

Il résulte des recherches de ce savant professeur, ainsi que des chiffres fournis par la statistique officielle de 1865, que la surface forestière de la France est de 8,900,000 hectares ; sur ce chiffre, 1,100,000 hectares appartiennent à l'Etat, 2,000,000 aux communes et 5,800,000 hectares aux particuliers.

La production annuelle est évaluée à 20,000,000 de mètres cubes ; la consommation en bois de construction et d'industrie est de 10,348,000 mètres cubes ; en bois de chauffage de 30,000,000 de stères. On voit que, malgré une fécondité exceptionnelle, la consommation excède la production de 8,000,000 de m. cubes de bois de construction et 15,000,000 de stères de bois de feu.

Le charbon de bois fabriqué en France est aussi insuffisant à la consommation ; en 1865, on en a importé 151,365 mètres cubes.

Le liége se récolte dans le midi de la France, en Algérie, en Corse, en Espagne et en Italie.

Grâce à l'Algérie, la production du tan dépasse les besoins de nos tanneries.

Les résines françaises proviennent du pin maritime ; on extrait de cet arbre la gomme ou résine molle à térébenthine, les galipots, etc. ; en 1865, l'exportation a dépassé l'importation de 25 millions de francs.

La vannerie occupe en France un grand nombre d'ouvriers qui fabriquent des produits exportés en Angleterre et en Amérique.

Enfin, la tonnellerie emploie une quantité considérable de douves de tonneaux, fûts et futailles, et malgré la production très active de la France, elle a importé, en 1865, 16,000,000 de douves, valant 11 millions.

Nous avons tenu à donner quelques chiffres sur l'importance de la richesse forestière de la France, parce que généralement on ne se fait pas une idée exacte des ressources qu'elle met à la disposition de l'industrie.

La Savoie contribue pour une bonne part à la constitution de cette richesse nationale ; il résulte en effet des données statistiques fournies au Congrès scientifique de 1863, par M. Boucheron, inspecteur des forêts, que sur les 133,000 hectares de forêts appartenant aux seules communes des deux Savoie, il n'y en a pas moins de cent mille en futaie.

La classe des produits de la chasse, de la pêche et des cueillettes renfermaient les collections et dessins d'animaux terrestres, amphibies, d'oiseaux, d'œufs, de poissons, de cétacés, de mollusques et de crustacés, ainsi que les herbiers et autres objets d'histoire naturelle ; elle réunissait aussi les éponges, les crins, les plumes, les peaux et fourrures.

Nous n'avons fait que citer les produits de cette classe, qui sont sans intérêt direct pour notre agriculture.

Produits alimentaires de facile conservation. — Sous le nom de produits alimentaires de facile conservation, sont classés les semences, les matières végétales textiles, les laines, les cocons de vers-à-soie, le tabac, le houblon, le fourrage, les miels, les cires, les plantes tinctoriales et oléagineuses.

L'école impériale de Grignon, la maison de commerce Vilmorin-Andrieux, les sociétés agricoles, les comités départementaux du Nord, du Pas-de-Calais, de la Savoie, de la Somme, de Seine-et-Oise, de la Seine-Inférieure, d'Indre-et-Loir, de Loir-et-Cher, du Bas-Rhin, du Calvados ont fait des expositions partielles des produits dominants dans chacun des départements.

On voit figurer, dans la section française, les denrées les plus variées ; elle donnent une haute idée de la puissance productive du sol de l'Empire.

Dans le nord, la grande propriété qui s'appuie sur l'industrie pour tirer le meilleur parti possible du sol, livre simultanément aux grands centres de consommation des blés de choix, l'orge, l'escourgeon, le seigle, le millet, le maïs et l'avoine ; à côté, se placent les produits industriels de ces diverses céréales et en premier lieu ceux de la meunerie : farine, gruau, son, amidon, gluten ; viennent ensuite les orges à divers états, préparées pour la fabrication de la bière, les papiers de paille, les alcools, les vinaigres de grains, etc., etc.

Les pois, les fèves, les haricots sont encore des productions importantes de cette région où domine la culture intensive.

Les plantes fourragères sont cultivées en grand pour la nourriture des bestiaux et pour les semences ; c'est de là que viennent en grande partie les semences de luzerne, de lupuline, de sainfoin, de trèfle, de vesces, de lentilles, de reygrass d'Italie.

Le chanvre, le lin, le tabac, le houblon, les plantes oléagineuses prennent place à côté des produits si variés que nous venons d'énumérer.

Enfin les racines fourragères, telles que les pommes de terre, les turneps, les carottes et surtout la betterave occupent de vastes cultures.

La betterave, avant d'être livrée aux bestiaux, subit une première transformation dans les fabriques de sucre, dans les distilleries ; ce n'est qu'à l'état de pulpe qu'elle est consommée par les bestiaux.

Sous les hangars des départements du midi, on trouve les cocons de vers-à-soie, la laine, le lin, la garance, les huiles d'olive, des essences de fleurs, des oranges, des citrons, des dattes, des vins, des eaux-de-vie.

Les expositions des départements du centre participent à la production de la plupart des denrées que nous venons de signaler. C'est là surtout que se trouvent la petite et la moyenne propriété, et avec elles les usines agricoles disparaissent pour faire place à une production plus active, à des cultures qui demandent plus de main-d'œuvre ; c'est aussi de cette région que s'expédient ces quantités considérables de fruits, de beurre, de fromage, d'œufs et de volailles qui donnent une si grande activité à l'exportation de ces produits, surtout en Angleterre et en Amérique.

La production agricole en Savoie. — La Savoie prend place dans cette dernière région ; comme nous l'avons vu dans le préliminaire de ce travail, ses récoltes sont des plus variées ; elle produit de tout, seulement sa production n'a rien de cette activité commerciale qui fait la fortune d'une partie du centre, mais surtout du nord et du midi, et tandis que les premiers disposent de quantités considérables de céréales, de semences variées, de matières textiles, de plantes industrielles, de bière, d'alcool, de sucre de betterave ; les seconds inondent la France et l'étranger de leurs vins, de leurs eaux-de-vie, de leurs laines, de leurs cocons de vers-à-soie, de leurs plantes tinctoriales. La Savoie, avec sa population compacte, qui atteint la proportion d'un habitant par hectare avec sa culture intensive, qui s'exerce sur un sol parcellaire, divisé en petits domaines, la Savoie, disons-nous, obtient des récoltes qui ne s'élèvent pas au-dessus d'une bonne moyenne, fournit à la consommation locale et ne concourt que dans de faibles proportions à l'exportation.

Ces conditions sont susceptibles de s'améliorer, nous pourrions obtenir des récoltes plus riches; nos produits, nos beurres, nos fromages, nos vins et nos bestiaux sont appelés à prendre plus de faveur qu'ils n'en ont aujourd'hui.

Nous allons, dans le paragraphe suivant, rechercher et indiquer les moyens qui peuvent amener ces résultats.

---

§ 5.

MOYENS PROPOSÉS POUR AMÉLIORER LES PRODUCTIONS AGRICOLES DU DÉPARTEMENT DE LA SAVOIE.

Pour améliorer les productions agricoles du département de la Savoie, il faut, nous inspirant de ce que l'on fait ailleurs, répandre l'instruction agricole, modifier l'outillage de nos cultures, féconder plus énergiquement nos terres, faire un bon choix de semences, perfectionner la fabrication de nos fromages, de nos vins; enfin, améliorer l'élevage de nos bestiaux.

Répandre l'instruction agricole. — C'est par l'instruction seule que nos cultivateurs arriveront à comprendre l'utilité des modifications imposées à leur système de culture, par suite des progrès réalisés de nos jours dans cette branche si importante de la richesse publique.

L'instruction agricole, pour produire les heureux effets qu'on peut légitimement en attendre, doit se généraliser, s'étendre à toutes les classes de propriétaires du sol, à toutes les classes d'exploitants, qu'ils soient appelés à être fermiers, métayers, domestiques ou manœuvres.

C'est alors seulement que le riche et le pauvre, le propriétaire et l'exploitant, le maître, le valet et l'ouvrier s'entendront, se prêteront un mutuel concours pour réaliser des améliorations qui, diminuant le prix de revient, permettront d'élever les salaires et profiteront aux uns et aux autres.

Si les généreuses pensées du Gouvernement arrivent à leur réalisation, nous aurons dans toutes les villes de quelque importance des cours publics, où les classes aisées puiseront l'instruction agricole supérieure qui leur est nécessaire.

Les cultivateurs, les exploitants et leurs enfants doivent trouver les moyens de s'instruire dans les cours d'adultes, dans les écoles primaires qu'ils fréquentent au moins une partie de l'année.

Déjà le département de la Savoie, grâce aux efforts persévérants de M. Ruck, inspecteur d'académie, à qui nous sommes heureux de rendre ici un hommage mérité, le département de la Savoie, disons-nous, est entré dans cette voie, et partout on organise l'instruction agricole à côté de l'instruction élémentaire.

Nos principaux chefs-lieux de canton, beaucoup de communes ont organisé des bibliothèques, journellement on les augmente par des envois de bons livres sortis du Ministère de l'agriculture; ces livres sont mis à la disposition de ceux qui les demandent, qui veulent s'instruire.

Comme on le voit, notre département a tous les éléments nécessaires pour que, dans un délai rapproché, l'instruction se généralise : espérons que nos populations sauront en profiter.

Modifier notre outillage agricole. — Nous avons dit ailleurs combien sont imparfaits la plupart de nos instruments de culture, surtout notre charrue; il est de toute nécessité de la modifier ou d'en adopter une qui remue, qui aère une couche profonde et mette les racines des plantes dans les meilleures conditions possibles pour trouver un point d'appui en rapport avec leur développement aérien, pour puiser certains principes élémentaires qui entrent dans leur composition.

On n'obtiendra jamais ces résultats avec la charrue dont se sert la généralité de nos cultivateurs.

Lorsqu'on aura reconnu l'heureuse influence d'un bon labour, les instruments secondaires pénétreront bien vite dans nos fermes.

Tirer un bon parti des engrais. — Tirer le meilleur parti possible des engrais animaux et commerciaux, tel est le moyen infaillible d'amener la terre à donner des récoltes abondantes, d'en assurer la réussite.

Il est reconnu aujourd'hui que pour maintenir la fécondité de la terre, il faut lui restituer les substances minérales, les sels, l'humus que les cultures ont enlevés en paille, céréales, racines, graines oléagineuses, etc., etc.

Il faut donc ne rien perdre, recueillir avec soin les matières fécales, les eaux grasses, les purins, qui le plus souvent se perdent dans les cours et les chemins; bien traiter les engrais animaux en les entassant et les arrosant lorsqu'on le reconnaît nécessaire; réunir en compost les débris des démolitions, les terres, les gazons des rigoles ou des fossés, la boue de rue ou de cour, les cendres, la suie, etc.; recueillir les os des animaux, les triturer et les répandre sur les cultures.

Si on arrive à acheter des engrais commerciaux, prendre les meilleurs, le guano du Pérou, le phospho-guano, la phosphate de chaux, et les répandre à petite dose sur les cultures de racines ou de céréales.

Choix des semences. — Il est de toute nécessité de se fournir des semences de première qualité, pour obtenir de belles et productives récoltes.

Si on ne produit pas soi-même les semences dont on a besoin, on doit préférer celles qui viennent d'un pays moins favorisé sous le rapport du sol et du climat que celui dans lequel on veut les placer.

Les semences doivent être saines, avoir des grains nourris, de grosseur uniforme, sans mélange de graines étrangères.

Si l'on veut éviter des déboires, il faut, avant d'expérimenter une variété préconisée ailleurs, s'assurer si les conditions dans lesquelles on se trouve sont au moins aussi favorables que celles dans lesquelles on les a cultivées, dans lesquelles on a obtenu les résultats qui les font rechercher.

L'Exposition était richement dotée en échantillons de toute espèce de semences ; on comprend qu'il nous est impossible d'en donner la nomenclature, qui serait du reste sans intérêt pour nos lecteurs.

Améliorer la fabrication de nos fromages. — Nous fabriquons dans nos montagnes et dans nos fruitières deux espèces de fromages : ceux façon gruyère et ceux dits de fantaisie.

Quand on met nos gruyères en présence des fromages que produit le pays de Gex ou le Jura, qui se trouvent dans des conditions à peu près semblables aux nôtres, on est frappé de l'infériorité de nos produits. D'où vient cette différence? A quoi faut-il l'attribuer? Y a-t-il moyen de changer cet état de choses, d'amener cette production importante de nos montagnes à soutenir la concurrence avec les autres, à pénétrer avec faveur sur tous les marchés, dans tous les grands centres de consommation?

Après avoir étudié avec soin ces différentes questions, après avoir visité les pâturages, les chalets, les fruitières des uns et des autres, après avoir assisté à la fabrication des fromages, nous avons été amenés à reconnaître que si nos produits sont moins appréciés que ceux du Jura et de l'Ain, c'est que notre fabrication est moins parfaite que la leur.

Que reproche-t-on en effet à nos fromages? d'être secs, mal troués, peu salés, de n'être pas assez gras ; les premiers de ces défauts sont dus à la fabrication de chaudière, à la cave dans laquelle on place les pièces, aux soins d'entretien qu'ils y reçoivent; le dernier, à la nature du lait employé.

Il serait temps qu'on prît des mesures pour faire disparaître ces imperfections, qui jettent du discrédit sur une production importante de nos montagnes.

Les fromages de fantaisie sont à pâtes molles ou à pâtes dures.

Nous ne disons rien des premiers qui, par leur nature, se prêtent peu à l'exportation; ils sont consommés dans le pays, où on les trouve bons, et nous parlons surtout au point de vue commercial; mais il y a beaucoup à dire sur les fromages de fantaisie à pâtes dures.

Les *montcenis* ont leur similaire dans les fromages gris de Gex; les tignards, à part la forme qui diffère un peu, ont leur similaire dans les sassenages et les roqueforts.

Si vous entrez chez un marchand pour acheter un gex, un roquefort ou un sassenage, il les fait rarement goûter; il les livre avec l'assurance que vous avez vous-même qu'ils sont de bonne qualité, que vous en serez content.

Comparez cette facilité commerciale avec ce qui arrive chez nous; que vous demandiez un montcenis ou un tignard, jamais vous ne l'achetez sans vous assurer en le goûtant de sa qualité; le marchand vous en troue souvent un nombre considérable avant d'en trouver un passable; celui-ci est resté blanc, celui-là est trop maigre, trop sec, trop nouveau ou trop fait, et souvent vous partez sans emporter une pièce à votre goût.

Nous demanderons encore d'où vient cet état de choses, et après avoir vu fabriquer les fromages de Roquefort dans le Larzac, le fromage de Gex dans le pays, le tignard à Tignes, et le montcenis dans les montagnes de la Maurienne, nous avons pu constater que cette différence tient surtout à l'état du lait au moment de la fabrication.

Le fromage de Roquefort est fabriqué avec du lait de brebis pur, mis à la pressure 4 à 5 heures après chaque trait.

Nos tignards sont les roqueforts de la Savoie, le lait de brebis en forme l'élément principal ; mais on ne l'emploie pas toujours pur ; à quel état se trouve alors le lait de vache qu'on y ajoute?

Le montcenis est fait comme le sassenage, avec du lait de vache, de chèvre et de brebis ; mais combien de temps après le trait, dans quelle proportion le mélange-t-on?

Ce sont des questions auxquelles répondent plus éloquemment que nous ne pourrions le faire l'inégalité de nos fromages, parfois excellents, trop souvent médiocres.

Les conséquences de cet état de choses sont regrettables au point de vue commercial ; les expositions seront impuissantes à nous ouvrir de nouveaux débouchés, si on n'habitue pas les producteurs à s'inspirer de l'intérêt général, des exigences du marché ; si les consommateurs de nos produits ne peuvent compter sur la qualité et l'uniformité de nos fromages ; si, en un mot, nous n'imitons servilement ce que l'on fait de bien dans le pays de Gex, dans le Larzac, et, plus près de nous, à Sassenage.

Améliorer la fabrication de nos vins. — Le comité de la Savoie avait envoyé à Paris les différents crûs du département ; chacun d'eux était représenté par une bouteille de vin de 1866, une bouteille de 1865, et deux bouteilles de vin vieux des meilleures années.

Ces vins ont été bien reçus à l'Exposition universelle, où ils ont obtenu une médaille de bronze ; notons que le concours avait lieu entre 800 exposants français.

La commission de dégustation a été unanime à reconnaître la supériorité de nos vins blancs et les qualités remarquables de nos vins rouges ; ces derniers ont été trouvés corsés, vineux, hygiéniques et agréables ; on a reproché à quelques-uns d'entre eux trop de légèreté et un goût de tartre très accentué, qu'elle n'a pas hésité à attribuer à l'insuffisance de la cuvaison.

Ces éloges donnés aux vins corsés, cette appréciation sévère des vins légers ont d'autant plus de poids que déjà, en 1862, M. Jules Guyot, dans la visite qu'il fit à nos vignobles, et en

1863, M. Lanquetin, rapporteur du jury du concours régional, ont porté l'un et l'autre le même jugement sur la fabrication incomplète, mal entendue de quelques-uns de nos vins.

Sans recourir à ces appréciations étrangères, en restant dans le milieu agricole de la Savoie, nous trouvons dans les diverses publications de M. Fleury-Lacoste, président de la société centrale, des jugements identiques sur l'influence de la cuvaison insuffisante au point de vue de la qualité des vins et de l'hygiène des consommateurs.

Cette pratique de faire les vins légers a été en faveur pendant longtemps, non-seulement en Savoie, mais dans toute la France. M. de Vergnette-Lamotte, qui est une autorité, le constate dans son ouvrage intitulé *Le Vin*, page 70 :

« Il est constant, dit-il, qu'il y a un siècle, et dans tous les vignobles, les vins restaient très peu de temps en cuve, mais le goût, les usages et même les remarques que l'on a dû faire que les vins cuvés se conservaient plus aisément, ont conduit presque partout les viticulteurs à la pratique des cuvages prolongés. Un des derniers vignobles qui était resté fidèle aux anciens usages, le Beaujolais, ne livre plus à la consommation ces vins fins et légers de couleur que l'on buvait sous le nom de vin de Mâcon ; ses vins sont aujourd'hui aussi rouges que ceux de la Bourgogne, et leur méthode de cuvage est celle que nous employons dans la haute Bourgogne. »

Cette méthode est celle qui est conseillée par tous les viticulteurs en renom et que nos propriétaires intelligents pratiquent depuis quelques années.

Elle consiste à faire passer la vendange dans un fouloir, à mesure qu'on l'apporte au cuvage; lorsque la cuve se trouve remplie jusqu'à 25 ou 30 centimètres du bord supérieur, on cesse d'en mettre.

Le moût, à cet état, entre bientôt en fermentation; alors les parties solides, les râfles, les pellicules montent à la surface, s'élèvent à la hauteur du bord de la cuve et forment ce qu'on appelle le chapeau; ce chapeau, placé en dehors de l'action du liquide, courant risque de s'acidifier, il convient de le faire baigner de temps à autre

La fermentation tumultueuse dure envivon 24 heures ; elle prend naissance à une température de 15 degrés et s'élève à 35 ou 37. On décuve quand le chapeau descend et que le vin le couvre.

L'auteur précité fixe l'époque la plus convenable pour le décuvage au moment où la densité du liquide de la cuve se rapproche sensiblement de la densité de l'eau.

En appliquant dans tous nos vignobles les principes de cuvaison que nous venons de rappeler, nos vins acquerront les qualités qui leur manquent : plus corsés, plus vineux, plus brillants, ils se dépouilleront rapidement et pourront être livrés de bonne heure aux consommateurs.

Quant aux vins de choix, par une bonne fabrication ils atteindront, eux aussi, bien plus vite les qualités qu'ils n'obtiennent aujourd'hui qu'après dix ou quinze ans de bouteille.

C'est alors seulement, c'est lorsque l'uniformité de nos vins aura donné une importance réelle à nos produits, qu'ils seront classés, qu'ils seront demandés, qu'ils entreront d'une manière permanente dans la consommation de la France et de l'étranger.

Nous venons de passer rapidement en revue les principaux produits agricoles exposés au Champ de Mars, nous allons, avant d'indiquer l'amélioration que réclame notre bétail, dire un mot des habitations agricoles construites dans le parc du Champ de Mars, des essais de culture de Billancourt, des plantes d'agrément et de serre, des arbres et des fruits exposés dans le jardin réservé.

---

§ 6.

SPÉCIMENS D'EXPLOITATION RURALE ET D'USINE AGRICOLE.

L'agriculture française était représentée dans cette classe par des plans et dessins et par de rares spécimens d'exploitation agricole ; nous ne parlerons que de ces derniers, qui présentent plus d'intérêt que les premiers.

La Société réunie des caves de Roquefort (Aveyron) avait construit un modèle des célèbres caves où se traitent avec tant d'habileté les fromages fabriqués dans les montagnes du Larzac. On élève à 10,000 le nombre des brebis qui concourent à cette fabrication.

Ces caves, adossées à la montagne qui domine le village de Roquefort, sont à courant d'air continu ; les ouvertures, prises du nord au midi, abaissent tellement la température, qu'on éprouve en y entrant un froid glacial.

A côté de ce spécimen de caves, M. le comte de Kergolay avait installé un modèle de sa laiterie de Cunisy ; M. Bignon aîné, une bouverie ; la Société de Seine-et-Marne, un hangar économique ; enfin M. Tricottet, de Paris, un chalet rustique, un hangar-abri et un poulailler.

Les nations étrangères étaient représentées par un modèle de métairie hollandaise avec étables et ustensiles de fromagerie, exposée par la Société d'agriculture des Pays-Bas. Cette installation a obtenu le premier prix.

La Russie a fait une exposition des plus intéressantes en construisant les habitations des agriculteurs qui habitent le gouvernement de Wladimir, ainsi que les diverses formes de tentes des populations nomades de ce vaste empire.

Les Etats de l'Illinois (Amérique) ont fait élever une maison de ferme des Prairies de l'ouest; la Louisianne, une habitation de colon.

M. Von, wurtembergeois, avait exposé un modèle d'étable; la Commission du Suède et Norwége, des spécimens d'habitation.

Quelques autres Etats de l'Allemagne, l'Espagne, la Régence du Tunis, ont apporté des modèles de crèches, de mangeoires et de râteliers.

Ces modèles, montés à grands frais, ne nous ont rien appris de bien nouveau; évidemment leurs auteurs ont eu en vue de démontrer que chez les divers peuples du monde on s'occupe d'augmenter le bien-être des populations rurales, d'améliorer les conditions que réclame l'éducation du bétail.

Ces habitations rurales réunissent toutes les conditions hygiéniques désirables; bâties en maçonnerie ou en bois résineux, elles ont uniformément un étage au-dessus du rez-terre.

La partie basse est utilisée par la cuisine, la cave, le laitier, le serre-tout; au premier se trouvent les chambres à coucher et le grenier.

Nos petits propriétaires auraient eu beaucoup à apprendre dans cette classe de l'Exposition; pour eux la terre est tout, l'habitation est toujours assez belle, assez propre, assez éclairée, assez aérée; rarement leurs maisons sont à deux étages, ils couchent le plus souvent au rez-terre, sur un sol qui n'est pas toujours recouvert d'un sous-pied, sans s'inquiéter de l'humidité, qu'il est imposible de combattre dans un local directement en contact avec le sol.

En voyant ces modèles d'étables, ces modèles de crèches, de râteliers, ils auraient compris que les animaux, eux aussi, demandent à avoir un logement propre, bien éclairé, aéré, où ils respirent à l'aise; que leur santé exige qu'on les débarrasse souvent des araignées qui tapissent les murs, de l'engrais qui s'accumule sous leurs pieds et vicie l'air qu'ils respirent.

Ils auraient vu que partout on s'occupe de tirer le meilleur parti possible des fourrages en les mélangeant entre eux, en les hachant; puis en plaçant les animaux dans l'impossibilité de les jeter à droite ou à gauche, de les piétiner. C'est dans ce but qu'ont été construits les divers systèmes de crèches et de râteliers à tête qui empêchent l'animal de perdre ou de détériorer la nourriture qu'on lui donne.

Nous sommes heureux de constater, en terminant cette revue, qu'un progrès réel a déjà été réalisé en Savoie dans le sens que nous indiquons; les propriétaires qui habitent une partie de l'année leur domaine, ont compris la nécessité de loger convenablement leurs métayers, leurs fermiers; l'essor est donné, la propreté des maisons ne peut manquer d'amener ceux qui les habitent à prendre plus de soins de leur intérieur: on se trouve mal à l'aise en négligé dans une bonne société.

Espérons que bientôt cet exemple aura été suivi et qu'on ne trouvera plus en Savoie que des maisons propres sans luxe, des populations rurales soucieuses de leur bien-être, de leur santé.

---

§ VII.

ESSAIS DE CULTURE FAITS A BILLANCOURT.

Un écrivain de mérite a dit que l'exposition de Billancourt était une erreur d'un grand homme, et sincèrement nous sommes de son avis.

Billancourt, pour répondre au but qu'on avait en vue lors de son installation, aurait dû être approprié à sa destination au printemps de 1866. Les concurrents qui se proposaient d'y faire des cultures, d'y expérimenter des engrais, des plantes qui demandent pour produire au moins une année entière, auraient pu étudier le terrain, prendre leur temps pour faire dans les meilleures conditions possibles des plantations d'arbres fruitiers ou forestiers, de ceps, ou d'arbustes d'agrément, etc., etc.

Il n'en a rien été ; aussi les rares expériences qui y ont été faites n'ont-elles point donné les résultats qu'en espéraient leurs auteurs.

M. Décombecque, lauréat de la prime d'honneur de la Somme, en prenant possession d'un lot de terre à Billancourt, avait pour but de démontrer que le billonnage des terrains à $0^{m}80$ c. de largeur appliqué à son exploitation est le meilleur des systèmes de labourage.

M. Décombecque, qui cultive un domaine de 400 hectares, a un outillage spécial pour ce genre de labour et pour les cultures d'entretien qu'il convient de donner au sol. Ce système, qui jusqu'à présent était surtout appliqué aux sols humides et peu profonds, semble avoir des avantages incontestables, même dans les terrains secs à sous-sol perméable.

Disons à la louange de M. Décombecque, que, malgré les mauvaises conditions dans lesquelles ont eu lieu ses labours, ses semis de froment, de colza et de betteraves, les rendements ont été supérieurs à ceux d'une récolte moyenne.

Nous n'entrerons pas dans les détails de ce système de culture; nos terrains, en pente, coupés par des treillages, par des pièces de terre enclavées, ne nous permettent pas de l'appliquer.

M. Hary, du Pas-de-Calais, a mis en application la théorie de M. Décombecque avec quelques modifications qui tiennent plus à la forme qu'au fond.

M. Bignon, qui a exposé un spécimen de ses étables d'engraisseur, dans le parc du Champ de Mars, a voulu, lui aussi, exposer son système de culture, son assolement dans le champ d'expérience de Billancourt.

Ce qui nous a le plus frappé dans ces essais, malheureusement trop limités, c'est la plantation de la luzerne en lignes distantes de 25 centimètres.

Cette luzerne, semée en mars, a fourni une première coupe en juin. Aussitôt après l'enlèvement du fourrage, on a donné un binage à la houe à cheval, et grâce à cette opération peu coûteuse qui rafraîchit le sol, l'ameublit, le nettoie et l'aère, une seconde coupe a pu être faite fin juillet; elle sera suivie de deux autres moyennant binage.

Ces luzernes, ainsi fumées et binées, dureront 12 ou 15 ans, tandis qu'elles auraient dû être rompues au bout de 6 ou 7 ans avec le semis ordinaire.

La récolte que nous avons vue à la seconde coupe était assez abondante pour donner 5 à 7,000 kilos à l'hectare.

La culture en ligne de la luzerne a déjà pris un grand développement dans la Gironde et dans d'autres départements du midi et du centre; elle devrait être appliquée partout en Savoie, où la légèreté du sol facilite le développement des mauvaises herbes et détruit rapidement les prairies artificielles, si coûteuses à établir.

Spécimens de cultures spéciales.

Sous le nom de spécimens de cultures spéciales se placent tous les essais partiels exécutés à Billancourt pour affirmer le mérite de précédents essais couronnés de succès.

On remarquait dans cette classe la luzerne en ligne de M. Vallerand, alternant avec du ray-grass; les prairies mélangées; les semis d'avoine, de plantes potagères, de racines de MM. Courtois, Gerard et Vilmorin, si connus dans le monde agricole par leur commerce de graines; les plantations d'igname de la Chine de M. Rémond; la métairie ou domaine congéable de Mlle Maury; les cultures de houblon de M. Schatenman et de M. le marquis de Vaulchier; la culture et les produits du pin maritime de MM. Baltet frères, Duschêne-Toureaux de la Côte-d'Or, et Jullien de la Sologne; l'application à la culture de la pomme de terre de certaines conditions nécessaires pour obtenir les résultats les plus avantageux; enfin l'exposition de cépages.

Nous ne croyons pas devoir entrer dans des détails sur chacun de ces essais partiels, ils seraient sans intérêt pour nos lecteurs ; nous limiterons nos études aux expériences de M. Chatel sur la culture de la pomme de terre, nous les avons suivies avec soin, parce que ce tubercule entre pour une bonne part dans la consommation habituelle de nos campagnes, et qu'on ne saurait trop recommander les pratiques qui peuvent en améliorer la qualité et en augmenter le rendement, puis nous dirons un mot de l'exposition des cépages.

M. Chatel a planté une centaine de lignes de pommes de terre divisées par série de trois plants ; il a voulu affirmer, par ces essais, les principes suivants.

La plantation hâtive est préférable à la plantation tardive ; la réussite dépend :

1° Du choix des tubercules ;

2° De leur préparation ;

3° De leur position.

Dans les sols argileux, il faut planter profondément et butter de bonne heure ;

Dans les sols légers, il faut planter profondément et ne butter que vers l'époque de la floraison.

Choix des semences. — Les plus gros tubercules sont les meilleurs.

Préparation des semences. — Les tubercules destinés à la reproduction doivent rester au grand air après l'arrachage, pour acquérir une teinte verdâtre.

Il faut distinguer dans la pomme de terre la partie supérieure ou couronne qui porte les vrais germes des nouvelles plantes, d'avec le dessous qui ne contient que des bourgeons de mauvaise venue ou stériles.

La couronne doit être munie de ses germes ; il ne faut jamais ébourgeonner ; si on divise le tubercule en deux, il ne faut planter que la couronne.

Position de la pomme de terre. — On doit placer la pomme de terre dans son sens naturel, c'est-à-dire tourner les bourgeons en haut et éviter de les laisser tourner de haut en bas.

Enfin M. Victor Châtel soutient que la maladie des pommes de terre n'est pas héréditaire.

Ces préceptes, appliqués à la culture de Billancourt, se sont tous vérifiés ; nous avons surtout été frappé de l'influence de la grosseur de la semence ; dans les divers essais, les plus gros tubercules ont donné de plus beaux résultats que les petits, les petits que les très petits.

Ce sont des principes que nos agriculteurs feront bien de mettre en pratique.

Exposition de cépages. — Les départements qui ont pris part à l'exposition de cépage et de taille sont l'Aube, l'Aude, l'Ariége, les Basses-Pyrénées, la Charente-Inférieure, la Côte-d'Or, le Doubs, la Drôme, la Gironde, la Haute-Saône, l'Indre, le Jura, le Loiret, la Maine-et-Loire, la Marne, la Meuse, la Moselle, le Puy-de-Dôme, le Rhône, Seine-et-Marne, Saône-et-Loire et Tarn-et-Garonne.

Si cette exposition avait eu un résultat significatif, démontrant la supériorité de tel ou tel cépage, de tel ou tel système de taille, nous aurions désiré que la Savoie, avec ses cépages spéciaux, y fût représentée ; mais, après avoir vu l'insuffisance des expositions, l'état de dépérissement des spécimens exposés, le peu de fruits sains arrivés à maturité, la nullité enfin des résultats constatés, nous n'avons pas regretté que le département se soit abstenu d'y prendre part.

Cette exposition annoncée plus tôt, chaque viticulteur disposé à concourir aurait préparé son exposition comme l'a fait M. Mestre fils, qui est arrivé à Billancourt avec les principaux cépages de l'Hérault plantés en vases et chargés de magnifiques grappes, 9 sur l'aramon, 5 sur l'alicante et 3 sur le terret.

Ce concours, bien organisé, aurait fourni l'occasion unique peut-être, de classer les cépages si nombreux de la France sous leur nom véritable, tandis qu'ils en prennent un spécial dans chaque département. Cette exposition n'a pas affirmé un seul fait viticole nouveau qu'on puisse mettre en application dans nos vignobles.

---

§ 8.

LE PARC RÉSERVÉ DU CHAMP DE MARS.

En pénétrant dans le parc réservé, le visiteur était agréablement frappé des heureuses dispositions du tracé, de la variété des plantes, de la richesse des collections réunies dans dix-huit serres froides, chaudes ou tempérées, sèches ou humides. L'œil se reposait agréablement sur des kiosques, des cascades, des lacs, sur les pelouses coupées de bouquets d'arbres, d'arbustes d'ornement, de corbeilles de fleurs aux couleurs vives et variées.

Pour le promeneur indifférent, cet ensemble constituait un jardin d'agrément des mieux assortis, un lieu de repos, où il admirait sans fatigue les objets les plus agréables, où il respirait à l'aise ; cependant chacun de ces objets, chacun de ces kiosques, de ces bosquets, chacune de ces serres, de ces corbeilles de fleurs, chacune de ces serres simples ou monumentales constituaient une exposition spéciale, un appel aux promeneurs.

L'art de la décoration, la floriculture, n'avaient pas seuls trouvé place dans le jardin réservé ; la pisciculture y avait installé de magnifiques aquariums ; l'horticulture ses modèles d'arbres fruitiers, de légumes, ses expositions de fruits et de raisins.

Il n'entre pas dans le cadre que nous nous sommes tracé de parler plus au long de la partie purement décorative du parc réservé, mais nous dirons un mot des concours spéciaux d'arbres fruitiers et de raisins.

Exposition d'arboriculture. — L'exposition d'arboriculture avait été aménagée partie dans le parc réservé, partie à Billancourt. Les exposants, représentés surtout par les jardiniers des environs de Paris, y avaient planté toutes les grandes et les petites formes, avaient appliqué les divers systèmes de taille, de pincements, tous les procédés mis en usage pour augmenter la fructification ou grossir le fruit.

Les amateurs s'arrêtaient spécialement devant les pêchers de M. Chevailler (aîné), de Montreuil, de M. Gillequens; devant les espaliers, les quenouillers, les palmettes, les cordons, les gobelets, les spirales de poiriers et de pommiers de MM. Croux, Berger, Jamin et Durand, Baltet de Tours, et surtout de M. Cochet, de Suisne (Seine-et-Marne).

Parmi les formes nouvelles mises en application dans la grande culture du midi, les pêchers en tables de M. Sahut, de Montpellier, étaient très remarqués.

Les cultures de raisins chasselas étaient représentées par M. Rose-Charmeux, de Tomery.

Les meilleurs fruits, comme on le voit, figuraient à l'Exposition sur des arbres qui n'avaient été transplantés qu'en mars et avril.

Il a fallu un soin tout particulier pour enlever, transporter et remettre en terre des arbres entièrement formés, mesurant plusieurs mètres de développement en hauteur et en largeur, sans compromettre leur vie ou leur santé si prospère.

La fructification seule a eu à souffrir de cette opération intempestive; la grosseur et le nombre des fruits ne répondaient ni au développement des arbres, ni à leur préparation fructifère.

Les fruits, les fleurs et les légumes ont eu des concours successifs dans le parc réservé; ces expositions ont été excessivement remarquables, tant par le nombre et la beauté des fruits, que par le mérite des concurrents qui y ont pris part.

Exposition de raisins. — Le concours de raisins devait primitivement recevoir les raisins de table, ainsi que ceux des cépages qui entrent dans la fabrication des vins des différent crûs de la France.

Cette dernière exposition, si elle avait pu se réaliser, aurait été d'un grand intérêt ; nous ne connaissons pas les motifs qui l'ont fait abandonner.

Un seul concurrent, M. Bouchet, des environs de Montpellier, s'est présenté avec sa remarquable collection de cépages de la France et de l'étranger, avec quelques plants nouveaux qu'il a obtenus par hybridation.

On a longtemps mis en doute l'hybridation des cépages entre eux. M. Bouchet a établi la réalité de ce fait contesté.

Pour produire cette hybridation d'une manière régulière et obtenir des pieds francs, des pepins nés de cette hybridation, il plante les variétés qu'il met en expérience à proximité les unes des autres ; puis, au moment de la floraison, il rapproche momentanément les petites grappes, et l'hybridation est opérée.

M. Bouchet, dans ses études sur les cépages, poursuivait un but déterminé ; frappé du peu de couleur du vin d'Aramon, il a cherché, en hybridant ce plant avec le teinturier, à lui donner un jus coloré, tout en lui conservant sa production exceptionnelle.

Ce résultat il l'a obtenu non-seulement avec l'Aramon, mais avec tous les plants de l'Hérault.

On remarquait à cette exposition, sous le nom de Gros-Bouchet, un de ces hybrides d'aramon-teinturier d'une remarquable grosseur, dont les graines, coupées en deux, laissaient voir un jus très coloré en rouge foncé.

La collection exposée par M. Bouchet et quelques autres collectionneurs des plants de vignes, nous ont amené à rechercher les similaires des cépages que nous cultivons dans le département.

Ampélographie de la Savoie. — Nos études précédentes, réunies à celles faites à l'Exposition, nous ont permis de déterminer les noms que reçoivent plusieurs de nos plants dans l'ampélographie française.

Pour quelques autres, les similaires trouvés ne peuvent être encore indiqués d'une manière précise, mais ils faciliteront, en les signalant, des recherches et des comparaisons ultérieures.

Le persan seul paraît n'être pas sorti des limites des deux départements de la Savoie, car le plant qui prend dans le Rhône, l'Indre-et-Loire et ailleurs le nom de persagne ou persaigne, n'est autre que la mondeuse.

Les principaux cépages rouges cultivés dans nos différents coteaux sont : pour les vignes basses, la mondeuse, le persan, la petite douce-noire, la gouche et l'hyverdun.

Dans les treillages : les précédents et de plus la grosse mondeuse, la grosse douce-noire, le hybout, le sarvagnin.

La Mondeuse.

M. Jules Guyot, qui a visité nos vignobles en 1862, ne connaissait point encore la mondeuse ; ce cépage n'avait été jusque-là décrit par personne, il ne figurait sous aucun nom dans l'ampélographie française. Dès lors, son attention a été appelée sur ce plant, et, dans les rapports annuels qu'il adresse à M. le Ministre de l'agriculture sur la viticulture de la France, il retrouve un peu partout la mondeuse. M. Jules Guyot, dans ses écrits, a conservé à ce plant le nom qu'il porte en Savoie, où il est spécialement cultivé et où, selon toute probabilité, il a été primitivement importé.

Voici les divers noms que prend la mondeuse dans les localités où elle se cultive en vigne basse ou en treillages :

Savoie, Haute-Savoie, Suisse : Mondeuse, Mandouse, Savoyant, Savoyan.

Isère : Chetuan.

Ain : Savoyan, Gros-rouge, Gros-plant.

Rhône : Persaigne.
Jura : Maldou, Margilien, Plant-modo.
Saône-et-Loire : Romain.
Allier : la Vache.
Nièvre : Vero.
Yionne : Tressean, Verot.
Loiret, *Loire-et-Cher* : Gascon.
Cher : Moret.
Indre-et-Loire : Persagne.

La petite douce-noire est très répandue; elle est surtout cultivée en vignes basses. Ce plant se trouve décrit dans l'ampélographie française sous les noms de cot, auxois ou auxerois à côtes rouges qu'il a reçu dans Indre-et-Loire; on l'appelle ailleurs pied de perdrix, cahors, etc.

La grosse douce-noire est un plant beaucoup plus commun; c'est le cot vert de la Nièvre, le périgord, le franc-moreau du Cher, le corbeau de l'Isère, etc.

Le hybout est aussi un plant rouge que l'on abandonne peu à peu. Anciennement il garnissait la plupart de nos treillages en arbre; le hybout est incontestablement de la famille des aramon; comme lui, il a une végétation luxuriante, des grappes grosses, longues et nombreuses; son sarment à nœuds distants, à bourgeons coniques, est de couleur cannelle foncé; généralement ce raisin mûrit difficilement, ce qui semblerait dénoter son origine méridionale; enfin, de même que l'aramon, le hybout donne un vin léger, peu coloré.

L'hiverdun, cultivé en Tarentaise, e t aussi de la famille des aramon.

Les cépages à vin blanc les plus répandus en Savoie sont: la jacquère ou plant des Abîmes de Myans, la roussette, appelée bergeron à Chignin, l'altesse ou prin-blanc, le barbin, le gros-greffou, et la mondeuse ou verdanne.

La roussette ou bergeron a été décrite dans l'ampélographie française sous le nom de roussane de la Drôme, de roussette de l'Ardèche et de l'Ain. C'est avec son raisin que se fabriquent les vins blancs de l'Ermitage, de St-Peray et ceux de Seyssel, plus voisins de nous.

L'altesse ou prin-blanc produit sur les bords du Rhône les vins mousseux d'Altesse et les vins secs de Marétel ; ce plant est connu dans le département du Rhône sous le nom de vionnier; c'est avec son raisin que se fabriquent les Côte-Rôtie et les Condrieux.

Ce cépage paraît avoir été importé d'Italie, où il est connu sous le nom de *Varnaccia*.

Le barbin est cultivé sur la rive gauche de l'Isère, dans un rayon peu étendu autour de la commune de Villard-d'Héry, qui lui a donné son nom.

Les vins blancs de Villard-d'Héry n'ont pris de la réputation qu'à dater du concours régional de 1863 ; leur mérite incontestable, mis au jour dans un rapport motivé de M. Lanquetin, valut à M. le baron d'Alexandry, maire de Chambéry, qui les avait exposés, une médaille d'or.

Le barbin semble avoir son similaire dans la *clairette menue* de l'ampélographie française ; le vin de Villard-d'Héry ressemble beaucoup au Pouilly de Bourgogne ; extrait du Pineau blanc ou Chardenet.

Jusqu'à présent, nous n'avons pu trouver de rapprochement entre les raisins blancs de jacquère, de persan, de mondeuse, de greffou et ceux qu'il nous a été donné d'étudier dans les départements voisins et en Suisse ; le greffou seul, qui est un chasselas, a beaucoup de rapport avec le fendant roux du canton de Vaud.

Dans l'étude comparative de nos cépages, nous avons cru devoir négliger quelques plants qui se trouvent accidentellement dans nos vignobles ; nous avons craint, en augmentant leur nomenclature, de compliquer inutilement des recherches qui, pour être fructueuses, ont besoin d'être restreintes aux seuls cépages qui concourent dans une forte proportion à la fabrication de nos vins.

---

§ 9.

LES ANIMAUX DE TRAVAIL ET DE RENTE A L'EXPOSITION UNIVERSELLE DE 1867.

Lorsque la Commission impériale songea à faire entrer les animaux de travail et de rente dans le programme de l'Exposition, elle était loin de prévoir l'encombrement occasionné dans le parc par les autres concours, et bientôt il fut reconnu que si l'agriculture se présentait avec de nombreux spécimens de nos diverses races d'animaux, ils ne pourraient trouver place au Champ de Mars.

En présence des dépenses considérables que devait entraîner la construction des écuries, des étables, l'entretien prolongé des animaux et la crainte de voir se développer des maladies contagieuses, peu d'agriculteurs répondirent à l'appel qui leur avait été adressé.

Ce fut dans ces conditions que la Commission impériale organisa à Billancourt des expositions de quinzaine, où devaient successivement concourir, à partir du 1er avril, les reproducteurs de la race ovine de boucherie;

Les reproducteurs des races ovines à laine;

Les animaux gras;

Les reproducteurs des races bovines laitières;

Les reproducteurs des races bovines de travail;

Les bœufs de travail;

Les reproducteurs des races chevalines mulassières;

Les chevaux de travail;

Les reproducteurs des races porcines;

Les animaux de basse-cour;

Puis, enfin, les animaux acclimatés ou susceptibles de l'être.

Nous dirons un mot de ces divers concours ; généralement ils n'ont réuni qu'un petit nombre d'exposants.

Reproducteurs de la race ovine de boucherie. — Les reproducteurs de la race ovine de boucherie et les reproducteurs de la race ovine à laine ont ouvert les concours de Billancourt.

Les animaux qui ont figuré dans la première catégorie appartenaient exclusivement aux races anglaises de Soutdownes et Dishley, ainsi qu'à leurs croisements avec les divers types français.

C'est à dater du concours international de 1855 que les races de boucherie, déja connues dans quelques-uns de nos départements, ont été développées sur une grande échelle. C'est depuis cette époque qu'on a fait de sérieux efforts pour introduire, élever et acclimater ces animaux, amenés par nos voisins à une grande perfection de forme, à une aptitude exceptionnelle à l'engraissement.

Cette innovation apportée dans notre production habituelle a eu pour conséquence immédiate de modifier notre système de culture ; les prairies, les fourrages racines ont dû être sensiblement étendus et remplacer une partie des jachères et des céréales.

Les efforts persévérants de plusieurs éducateurs de mérite du nord et du centre de la France ont été couronnés de succès, et aujourd'hui les bergeries de MM. de Bouillé, Hamat, de Béagne, Signoret, de Vogué, Planchet, d'Havrincourt, Malinge, et d'une foule d'autres, sont connues partout pour la pureté et la beauté des nombreux reproducteurs qu'ils mettent annuellement à la disposition des éleveurs.

Aux concours régionaux de Lyon, de Moulins, de Rohanne et de Mâcon, des éducateurs, frappés du développement exceptionnel et de la précocité des métis-mérinos des environs de Chambéry, se sont procuré quelques-uns de ces animaux, qu'ils ont croisés avec le Soutdowns.

Dans les réunions qui ont suivi ces essais, dans les courses de la prime d'honneur, nous avons retrouvé les produits de ces croisements, et nous avons constaté l'heureuse influence de l'immixtion du sang anglais pour perfectionner les formes et augmenter l'aptitude de ces animaux à l'engraissement.

Sur l'initiative de la société centrale d'agriculture de Savoie, des essais ont aussi été tentés pour opérer le même croisement avec la grande et la petite race de Thônes et de Marthod.

Nous devons reconnaître que les résultats n'ont pas été favorables à la continuation de ce croisement, qui semblerait devoir compromettre la rusticité de nos races en les rendant plus impressionnables au froid, moins solides à la marche.

Reproducteurs de la race ovine à laine. — Le second concours, qui comprenait les races ovines à laine, se composait surtout de mérinos et de métis-mérinos; 60 concurrents de la Beauce, de la Brie, de la Picardie, de la Bourgogne, de la Champagne s'y étaient fait représenter.

La race mérinos, qui occupe aujourd'hui une place si importante en France, qui alimente nos manufactures de leurs matières premières les plus précieuses, a été importée d'Espagne pendant le règne de Louis XVI, en 1785.

Sous le premier Empire, l'élevage du mérinos prit un grand développement, et l'agriculture, il faut le reconnaître, lui doit une bonne partie des améliorations foncières qui se sont réalisées à cette époque.

Lors de son introduction dans nos fermes, le mérinos avait moins de taille qu'il n'en a aujourd'hui; la laine, qui se vendait très cher, était le but principal du possesseur d'un troupeau.

Plus tard cet état de choses a changé; la laine fine a été moins recherchée de nos fabriques; presque simultanément le prix de la viande s'est accru.

Cette nouvelle phase de la production des bêtes à laine a amené un changement dans la constitution même de l'animal, dont on a voulu faire un animal de boucherie plus parfait qu'il ne l'était dans le principe, au risque d'enlever à la laine un peu de sa finesse.

Le mérinos a été importé dans le département de la Savoie peu après son introduction en France ; ce fut M. Grand, conseiller de préfecture, qui amena le premier troupeau dans nos montagnes ; il l'établit à Choisel, propriété qu'il possédait alors sur la commune de St-Paul, près Yenne. Ce troupeau, d'après les rapports publiés par M. Palluel dans l'annuaire statistique du département du Mont-Blanc des années 1802, 1803, 1804, 1805 et 1806, était primitivement de 30 têtes ; il s'est successivement recruté par l'élevage de tous les agneaux, et en 1804 il comptait 90 agnelles ; cette même année, chaque toison fut vendue au prix de 20 fr. 66 c., soit 1,870 francs pour tout le troupeau.

Il faut remonter à l'introduction de ces animaux pour trouver l'origine des croisements du mérinos avec la race à laine commune de nos montagnes ; nul doute que les métis-mérinos, que nous retrouvons partout en Savoie, n'y aient puisé les traces de sang espagnol qu'on reconnaît dans leur toison.

Le troupeau de M. Grand avait acquis une véritable réputation ; il disparut à la suite des désastres de 1815 qui, replaçant nos pays sous les lois sardes, virent de nouveau s'élever les barrières douanières, qui frappaient d'un fort droit nos laines à leur entrée en France, seul débouché qu'elles eussent alors.

Concours d'animaux gras. — Le concours d'animaux gras n'a été à Billancourt qu'une nouvelle exposition des bœufs, des vaches, des moutons et des porcs primés une première fois dans les concours de boucherie de Lille, Nancy, Châteauroux, Nantes et Lyon, et une seconde fois à Poissy ; nous ne dirons rien des lauréats de ce concours, que tout le monde connaît.

Nous ferons seulement remarquer que la race de Tarentaise a, depuis l'annexion de la Savoie à la France, affirmé ses aptitudes à l'engraissement dans les divers concours de boucherie de la région : en 1867, à Lyon, M. Aragon, des Echelles, avait amené un jeune bœuf de 34 mois qui ne pesait pas moins de 607 kilos ; au concours de Billancourt, les animaux présentés par M. Gobet, fermier du bois de la Tête-d'Or de Lyon, ont été très remarqués pour leur état d'embonpoint sans engraissement, et M. Pierre Valin leur a consacré, dans la presse agricole, un article très élogieux.

M. Valin demande, en terminant son remarquable travail, si la race tarine s'acclimaterait dans les départements du centre, du sud-est, du sud-ouest et du sud de la France ; cette question est dès longtemps résolue ; il suffit de parcourir les fermes à bestiaux du Var, des Bouches-du-Rhône, du Vaucluse, du Gard et de l'Hérault, où cette race est depuis longtemps connue, pour se convaincre qu'elle est là dans un centre qui lui convient particulièrement ; qu'elle y donne des rendements exceptionnels en lait, et que son aptitude à l'engraissement est telle, qu'on est rarement obligé de la soumettre à un régime spécial avant de la livrer à la boucherie.

Reproducteurs des races bovines de travail. — Les reproducteurs des races bovines de travail et, plus tard, les animaux de travail de l'espèce bovine ont eu des concours spéciaux à Billancourt.

Les races gasconne, garonnaise, limousine, salers, morvandelle, bretonne, aubrac, jurassienne, charolaise, schwitz, vendéenne et bazadaise étaient représentées par un nombre plus ou moins considérable de reproducteurs.

En lisant cette nomenclature de races exposées, on serait porté à croire que la Savoie, qui se sert presque exclusivement de bœufs pour les travaux de culture, n'y était pas représentée ; il n'en est rien cependant : M. Cobet, de Lyon, s'était chargé de ce soin ; il a obtenu un premier prix, un deuxième et quatre mentions honorables.

Mais, pour trouver la race de Tarentaise, il a fallu la chercher sous le nom de race de Schwitz qui lui a été donné par M. André Sauson dans son remarquable travail sur les applications de la zootechnie, et qu'on a jugé à propos de lui appliquer pour la première fois dans le catalogue de Billancourt.

Il est sans doute très flatteur pour la Savoie de reproduire dans ses montagnes la célèbre race laitière de Schwitz, mais nous sommes à nous demander, avec M. Gobin, l'un des collaborateurs du *Journal d'agriculture pratique,* pourquoi on ne laisserait pas son nom à cette race, qu'il trouve bien différente des schwitz ; il dit, en effet, dans le N° du 25 juillet, en parlant des tarines : « La finesse du squelette de la tête et de la queue, la brièveté des membres, peuvent induire en erreur le public qui ne recourt pas au catalogue. »

Le jury a été bien inspiré en récompensant largement la race tarine; peu d'animaux ont, en effet, une plus grande aptitude au travail, plus d'adresse pour se tirer d'un mauvais pas, plus de persévérance dans la peine ; ce ne sont pas seulement les mâles de cette race qui aident nos cultivateurs dans leurs rudes travaux, ce sont surtout les vaches qui, après avoir fourni une abondante provision de lait à la ménagère, suivent le laboureur dans les champs.

Reproducteurs des races bovines laitières. — Les reproducteurs des races bovines laitières ont occupé les étables de Billancourt pendant la première quinzaine de mai.

Le concours réunissait les races normande, flamande, hollandaise, schwitz (tarine), vendéenne, pyrénéennes, durham et métis durham ; les races ardennaise, bretonne, du Villard-de-Lans et beaucoup d'autres n'ont pas figuré à Billancourt.

Le département de la Savoie s'était fait représenter dans le parc du Champ de Mars par cinq spécimens mâles et femelles de la race de Tarentaise. Ces animaux, arrivés tardivement pour le concours, ont eu un grand succès pendant leur séjour à Paris. Tous les hommes qui s'occupent de l'amélioration des races laitières de la France, les agriculteurs si nombreux qui se sont rendus à l'Exposition, ont tenu à leur rendre visite, à apprécier les qualités multiples de ces animaux, inconnus au plus grand nombre.

Le séjour dans le parc de ce petit troupeau aura, nous ne pouvons en douter, la plus heureuse influence sur le développement commercial de cette race.

Mais, pour assurer d'une manière permanente les résultats

déjà obtenus, pour donner à l'exportation de nos bestiaux un courant assuré, pour augmenter leur valeur, il est des conditions à remplir que nous ne saurions trop recommander à nos éleveurs; nous allons les résumer aussi succinctement que possible.

Conseils aux éleveurs de la Savoie.

La race, d'après M. Sauson, est une variété constante de l'espèce, qui se conserve par la génération.

Le choix des reproducteurs est évidemment la première condition de sa conservation. Toutefois, la reproduction des caractères typiques et même des caractères secondaires d'une race ne suffit pas pour donner aux aptitudes que les animaux reproduits apportent en naissant tout le développement dont ils sont susceptibles; il faut y joindre des conditions hygiéniques spéciales, des soins de propreté constants, une nourriture toujours en rapport avec l'âge de l'animal, avec la fatigue à laquelle on le soumet, et qu'on ne se contente pas d'entretenir la vie de l'animal, mais qu'il reçoive une nourriture assez abondante, pour qu'il se développe dans sa jeunesse, pour qu'il donne du lait, du travail ou de la graisse quand il a complété sa croissance.

L'éleveur qui s'inspire des conditions économiques dans lesquelles il se meut, doit porter ses vues plus loin et produire pour l'acheteur; il y arrivera infailliblement en étudiant les aptitudes de ses animaux, en suivant les traces de leurs migrations, en apprenant ce qu'on exige d'eux dans les pays où ils vont produire ou travailler, vivre et mourir.

C'est alors seulement que le producteur sera renseigné sur les exigences de l'acheteur, sur ses besoins, qu'il saura s'il doit développer d'une manière spéciale leurs facultés laitières, leurs aptitudes au travail ou à l'engraissement.

Les recherches économiques et zoologiques que nous conseillons aux agriculteurs de la Tarentaise, nous les avons faites avec le plus grand soin dans nos vallées, dans nos montagnes, partout où émigrent nos troupeaux, nos vaches et nos bouvillons.

Voici le résultat de nos investigations :

C'est à la montagne, c'est pendant la durée de l'inalpage que nos vaches, que nos génisses, bien jeunes encore, sont fécondées ; c'est encore au milieu de ces riches prairies qu'elles livrent à la fromagerie un lait abondant.

L'étable de la vallée, le toit protecteur du petit propriétaire, abrite la vache pendant le dernier temps de la gestation ; c'est là qu'elle devient mère ; c'est là qu'elle allaite trop peu de temps son nourrisson.

De février à juin, les élèves de l'année se fortifient, se préparent à suivre le berger au pâturage.

Les bouvillons qu'on destine au joug montent, eux aussi, une seconde et dernière fois dans des prairies spéciales, où ils sont réunis en troupeaux ; puis, quand les froids les ramènent dans la vallée, ils suivent de nouveaux propriétaires qui les exercent, en les soumettant à de légers travaux, à porter le joug.

D'étapes en étapes, en changeant bien souvent de maîtres, ils arrivent dans la plaine, d'où ils se dirigent sur les marchés du département de l'Isère, de Chambéry ou de la Haute-Savoie.

Les services qu'ils rendent comme bêtes de travail ne les conduisent souvent que bien âgés à l'abattoir.

Il fut un temps où la race de Tarentaise n'avait de débouchés étrangers que sur les seuls départements du midi de la France, et ce débouché était très limité.

Les acheteurs prenaient sur nos marchés les vaches âgées, très laitières, qu'ils obtenaient à vil prix, puis ils les transportaient au loin dans les laiteries qui avoisinent les grandes villes.

Maintenant l'exportation a pris des proportions plus considérables, et les marchés qui précèdent ou suivent l'inalpage ont tous les ans plus d'activité.

La vache tarine, connue sous le nom de vache savoyarde, se rencontre maintenant partout, mais surtout dans le sud-est, le sud-ouest et le midi de la France, où elle rend des services signalés comme bête de rente et de boucherie.

Dans cette dernière région, les vaches sont rarement conservées pour l'élevage ; le plus souvent, achetées jeunes ou

5

vieilles, elles arrivent à l'étable dans un état de gestation assez avancé ; bientôt elles mettent bas et nourrissent leurs veaux pour la boucherie ; sous l'influence d'une nourriture de choix, elles donnent une dernière fois du lait en abondance, puis en s'éloignant de l'époque du part, leur embonpoint augmente, le lait diminue ; c'est le moment de les passer sans nouvel intermédiaire à l'abattoir ; leur état de graisse est alors suffisant pour qu'on les recherche comme viande de première qualité.

Il résulte de l'étude des diverses phases de la vie des animaux de la race tarine, qu'elle est aujourd'hui simultanément recherchée pour l'abondance du lait fourni par ses vaches, pour le travail que donnent ses bœufs, pour les dispositions à l'engraissement des unes et des autres, et enfin pour son aptitude toute spéciale à supporter sans fatigue le climat du midi de la France.

Aujourd'hui, grâce à la facilité des transactions et des transports, le courant commercial est établi ; c'est à nous de le seconder, en donnant à nos animaux plus de taille, plus d'aptitude à l'engraissement, en augmentant autant que possible leurs facultés laitières.

Nous allons rappeler les conditions indispensables pour arriver à ce résultat :

L'éleveur qui veut améliorer son troupeau dans le sens que nous venons d'indiquer, doit spécialement porter son attention :

1° Sur l'état hygiénique de ses étables, sur les soins d'entretien, de propreté que réclament indistinctement tous les animaux d'une écurie ;

2° Sur le choix des reproducteurs ;

3° Sur la quantité et la qualité de nourriture qu'ils doivent recevoir dans les différents âges de la vie.

Hygiène des étables.

Il doit exister un rapport constant entre la grandeur, la hauteur, l'aération des étables et le nombre de têtes de bétail qu'on y loge ; elles doivent être convenablement éclairées, placées sur un fonds sec, un peu élevé au-dessus du sol et ne jamais s'appuyer contre un terrain supérieur.

Il faut que les animaux restent le moins de temps possible sur la litière, six ou huit jours au plus ; la fermentation qui s'établit sous leurs pieds vicie l'air qu'ils respirent et les expose à de graves maladies.

Journellement les bestiaux doivent recevoir un pansement à la main et être maintenus dans un état de propreté irréprochable.

On se trouvera bien de tondre, sur une largeur de 10 à 12 centimètres, les poils longs et touffus qui garnissent le toupet, l'épine dorsale et une partie de la queue ; sans cette précaution, que ne négligent jamais les éleveurs suisses, il est difficile de préserver les animaux des insectes ; ils ont leur siége principal sur ces parties.

Pendant que les vaches se rendent à l'abreuvoir, le berger devra nettoyer la crèche et enlever la poussière ou les araignées qui se seraient fixées sur les parois des murs.

Enfin, il convient de fournir une litière suffisante, pour que les animaux ne reposent jamais directement sur le fumier.

Choix des reproducteurs.

Le Congrès qui s'est réuni à Moûtiers le 4 juin 1866 avait pour but de déterminer les caractères typiques de la race de Tarentaise.

Nous croyons devoir reproduire la définition adoptée par le Congrès, parce qu'elle apprend aux éleveurs les animaux qu'ils doivent préférer pour conserver à cette race les qualités qui la font rechercher. Voici cette définition :

« Le mâle, dans la race de Tarentaise, comme cela arrive dans quelques autres races pures, diffère légèrement, par la couleur du pelage, de la femelle.

« Le taureau tarin a une robe d'un gris blaireau plus ou

moins foncé, passant le plus souvent au fromenté sur l'épaule; ceux d'un gris clair sont préférés.

« Le gris passe au gris noir à la hauteur de l'épaule et se prolonge sur toute la partie inférieure du corps de l'animal, ainsi que sur le cou et les joues.

« Chez la femelle, la robe est rarement grise, c'est un caractère de grande pureté de race, et dans ce cas, le gris prend une teinte légèrement foncée à la hauteur de l'épaule, comme nous l'avons indiqué pour le taureau ; mais généralement la vache de la Tarentaise est fauve ou mieux d'un froment gris tout particulier, qui n'appartient à aucune autre race.

« A part cette différence dans la teinte de la robe des mâles et des femelles, les autres caractères se trouvent reproduits sur tous les animaux de cette race.

« La race tarine présente, sans exception, chez tous les sujets purs les caractères suivants : le tour des yeux, l'extrémité des cornes, le sabot, la couronne, le bas du fanon, le bout de la queue, l'ouverture de l'anus, la partie inférieure du scrotum chez les mâles, les parties génitales chez les femelles sont noirs plus ou moins mêlés de poils gris, pour les parties velues. Le nez est aussi noir, cerclé de poils blancs.

« En général, les animaux de cette race ont la charpente osseuse assez développée, le corps ramassé, les jambes courtes, les jarrets larges et droits, la côte ronde, le ventre assez gros, la queue un peu relevée, l'encolure moyenne, le fanon détaché et légèrement descendu, la tête courte, le front large, les oreilles velues, le nez droit, les cornes bien posées, blanchâtres et fines à leur base, les yeux grands et doux ; la peau, dure au toucher, garnie de poils longs et touffus à la descente des montagnes, devient souple après un séjour prolongé dans la plaine. »

L'éleveur de la Tarentaise qui voudra améliorer son troupeau portera son choix sur les reproducteurs mâles et femelles qui réuniront, aux caractères de la race, une taille convenable, des formes arrondies, le nœud de la queue le moins relevé possible, peu ou pas de fanon, de l'ampleur dans les formes et des aptitudes laitières spéciales.

L'âge et l'état de santé, de vigueur du mâle doivent aussi être pris en considération; autant que possible il ne faut pas soumettre à la saillie un taureau de moins de 15 mois et ne lui donner qu'une vache ou deux par jour; de 4 à 5 ans au plus tard, il doit être mis hors de service.

La femelle a, elle aussi, une grande influence dans l'acte de la génération; il convient donc d'éliminer toutes les vaches étrangères, tous les métissages, tous les croisements.

La vache, pour donner un élève de choix, doit avoir un développement convenable et être âgée de 18 mois au moins, avant d'être soumise à la monte; il faut préférer celles qui ont les reins larges, la côte ronde, la tête légère, peu de fanon et qui promettent d'être laitières.

Nourriture.

La génisse, à l'état de gestation, doit recevoir une nourriture aussi bonne, aussi abondante que la vache laitière, parce que si les fonctions de la vache consistent à s'entretenir et à prendre assez de substance nutritive pour donner du lait, la génisse doit non seulement s'entretenir, mais encore se développer et grandir.

Si vous donnez à l'un ou à l'autre de ces animaux une nourriture insuffisante, la vache cessera de produire du lait, puis maigrira; la génisse cessera de croître et fournira d'une manière incomplète à l'alimentation du fœtus qui se développe dans son sein.

Quand l'on veut avoir simultanément un bel élève et une bonne vache laitière, il faut maintenir la quantité et augmenter la qualité de la nourriture à mesure que la mère approche du part; on arrivera ainsi à produire un veau très développé et une mamelle bien fournie, parce qu'aucun des absorbants n'aura souffert.

Généralement on fait le contraire ; aussitôt qu'on cesse de traire une vache, 1, 2 ou 3 mois avant le part, on la met à la paille ; elle y reste jusqu'à ce qu'elle donne de nouveau du lait.

Quand nous parlons de bonne nourriture, nous entendons indiquer celle qui, sous le moindre volume, fournit le plus de substance nutritive.

Le foin, les racines, les tourteaux, les farineux, les fourrages artificiels en vert ou en sec représentent une bonne nourriture ; la paille nourrit mal l'animal ; il faudrait toujours l'employer mélangée à du foin ou du regain.

On facilite puissamment la digestion de ces différentes substances en donnant journellement aux bestiaux une petite ration de sel.

Si l'on veut avoir de beaux taureaux, de belles vaches, il faut nourrir convenablement les élèves pendant la période de leur croissance ; le lait est la première substance absorbée par le veau à sa naissance ; il doit lui être fourni en abondance jusqu'à ce que son estomac et sa dentition se soient fortifiés ; il ne devrait pas être sevré avant trois mois au moins ; c'est alors seulement qu'il conviendrait de couper son lait et de lui apprendre à se nourrir de menu fourrage.

Imitons nos voisins de la Suisse, suivons l'exemple des éleveurs du Charolais ; dans l'un et l'autre pays, les veaux sont nourris 3 mois au moins au lait pur et souvent pendant 5 et 6 mois.

La nutrition, on ne doit jamais l'oublier, est la base de toute espèce d'amélioration ; c'est dans l'abondance, c'est en ne manquant de rien, c'est en étant bien logé, bien nourri, tenu propre, que l'animal développe ses formes, sa taille, ses propriétés laitières, ses facultés à l'engraissement.

Bien nourrir, c'est assurer l'avenir de son troupeau, c'est travailler utilement pour augmenter sa fortune.

Mal nourrir, c'est ruiner son avenir, c'est tarir la source de richesse qu'on avait entre les mains.

Le nombre de têtes de bétail n'est rien si le fourrage accumulé dans le fenil est insuffisant.

Le jour où les conseils que nous venons de donner à nos éleveurs seront mis en pratique, la race qu'ils possèdent aura assuré son perfectionnement progressif, son avenir; leurs animaux, quel qu'en soit le nombre, leur seront toujours enlevés à des prix rémunérateurs.

Reproducteurs des races porcines. — Les reproducteurs des races porcines étaient représentés à Billancourt par 16 verrats et 30 truies des races anglaises de Berckshire, Yorckshire, Middlessex, et par 9 verrats et 10 truies normands, augerons, croannais, limousins et manchois.

Nos anciennes races améliorées, celles qui, au rapport de Strabon, formaient une des principales sources de richesse des Séquanais, des Eduens; celles de la Bourgogne, de la Haute-Loire, de la Bresse, de la Savoie n'ont pas concouru, ne se sont pas mises sur les rangs pour disputer les prix.

L'introduction des races anglaises en France n'est pas ancienne, elle ne remonte pas au-delà de 1830; c'est en effet cette année que M. Huzard a importé la race chinoise; de 1833 à 1837, M. Bella, directeur de l'Institut royal agronomique de Grignon, fit connaître le berckshire et l'hampshire; M. Lefèvre Sainte-Marie introduisit en 1849 le new-leicester; M. Gunter, en 1855, le middlessex.

Les concours régionaux ont beaucoup contribué à répandre ces premiers types, et généralement on s'est bien trouvé des croisements qu'on en a fait avec les diverses races de la France.

Ces animaux ont incontestablement plus de précocité, plus d'aptitude à l'engraissement que les nôtres; mais l'exagération de l'état de graisse les fait abandonner dans beaucoup de fermes, parce qu'elle préjudicie à la fécondité des reproducteurs.

Généralement on préfère les produits des croisements opérés avec nos races indigènes.

La Savoie avait anciennement une race de porcs élevés sur jambe, longue à se développer, mais très rustique et bonne marcheuse.

Avec les nouvelles voies de communication qui se sont

ouvertes partout, cette race s'est sensiblement modifiée; cependant on l'a conservée dans les montagnes, dans les chalets à fromage où ces animaux suivent les troupeaux; leur nourriture se compose surtout de petit lait; ils cherchent dans les pâturages le complément de leur entretien; on achève leur engraissement à la descente de l'inalpage.

Les porcs anglais qu'on a pris pour croiser nos races ont été heureusement choisis dans les berckshire et les hampshire; les résultats partiels obtenus auraient dû encourager les producteurs à les poursuivre; malheureusement les verrats de ces races ne sont pas nombreux, leur action se trouve ainsi très limitée.

L'élevage du porc a une certaine importance dans le département de la Savoie; la statistique porte la production annuelle à 34,000 têtes.

Le concours de chevaux de travail, celui des reproducteurs des races chevalines mulassières ont amené peu d'éleveurs du Perche et du Poitou; il en a été de même de l'exposition des chiens, puis de celle des animaux acclimatés ou susceptibles de l'être, qui ont clos la série des réunions de Billancourt; nous ne croyons pas devoir entrer dans des détails sur ces concours tardifs; ils ont été sans importance et n'ont signalé aucuns faits nouveaux qui intéressent le département.

Nous clorons ici ce rapport; il a demandé un développement plus considérable que nous ne le pensions; il était difficile qu'il en fût autrement, en présence des questions nombreuses qu'il a fallu aborder, en présence surtout des détails historiques que nous avons dû donner sur ce que nous faisons, pour arriver aux applications pratiques des faits agricoles recueillis à l'Exposition universelle de 1867.

Malgré l'aridité du sujet, nous n'avons rien négligé pour remplir le cadre que nous nous étions tracé en commençant ce rapport.

Nous serons récompensé de nos efforts si le comité départemental, si les agriculteurs et les cultivateurs, auxquels nous adressons ce travail, trouvent que nous avons atteint l'objet de notre mission, qui était d'INSTRUIRE EN RACONTANT.

Chambéry, le 10 janvier 1868.

P. TOCHON,

ancien élève de Grignon,

propriétaire-agriculteur à la Motte-Servolex.

TABLE DES MATIÈRES

www.ingramcontent.com/pod-product-compliance
Ingram Content Group UK Ltd.
Pitfield, Milton Keynes, MK11 3LW, UK
UKHW022119260726
13993UKWH00003B/1123

9 782329 352169